Nudibranch Behavior

ウミウシという生き方

行動と生態

David W. Behrens with photographers, Constantinos Petrinos and Carine Schrurs

デイビッド・W・ベーレンス 著

コンスタンティノス・ペトリノス　キャリーヌ・シュルール 写真

中嶋康裕・小蕎圭太・関澤彩眞 訳

東海大学出版部

Nudibranch Behavior

by David W. Behrens
with photographers, Constantinos Petrinos and Carine Schrurs

New World Publications, Inc., 1861 Cornell Road, Jacksonville, FL32207, USA
Phone:(904)737-6558; www.fishid.com

CREDITS
Editors: Paul Humann and Ned Deloach
Photo Editor: Eric Riesch
Copy Editors: Nancy DeLoach, Ken Marks
Art Director: Michael O'Connell

日本語版への序文

この 30 年ほどの間に，あらゆる海域の生き物を豊富に紹介したたくさんのガイドブックが出版されてきた．そうした本は，クジラやイルカ，サンゴ，エビやカニ，さらにはヒトデを同定するのにとても便利だ．とりわけ人気があるのは，ウミウシのガイドブックである！　さらには，スキューバ・ダイバー，スキン・ダイバー，磯歩き愛好者，そして専門の科学者たちがさまざまなウェブ・サイトやフェイスブックに素晴らしい写真を載せている．ウミウシは，海の蝶にたとえるのがふさわしい．見た目が美しく，研究するのが楽しく，青い波の下で鮮やかな色彩のしぶきを放っている．ウミウシは世界のどこの海でも見つけることができる．1940 年代から 50 年代には，昭和天皇が採集された標本に基づいて馬場菊太郎博士が草分けとなる専門的な図録を出版している．

この魅力的な生き物には単なる同定の手引書以上のものがあるべきだろう．ウミウシは，その生物学的性質，生活史，行動に関してさまざまに適応した自然界の驚異であり，探求を必要としている．そこで私は，2000 年代の初めからこの本のための情報を集め始めた．初版は 2005 年に刊行された．それ以来三版を重ね，地域的なウミウシガイドブックの多くの著者に引用されている．本書は，壮大に結びつき合った世界の海洋生態系の中でウミウシ自身や他の生物種と相互作用する生き物としてのウミウシを紹介することに貢献している．

私は，日本のウミウシ好きたちが，この華麗な生き物のさまざまな解剖学的特徴，食性，繁殖様式，防御機構，行動をより深く理解するために使ってくれることを願っている．私たちの海は人間によってひどく脅かされ傷ついてしまった．けれども，私たちの理解が，ウミウシと海にすむその仲間たちへの思いやりと保護に導くという希望はある．

デイビッド・W・ベーレンス

はじめに（原著者まえがき）

長い年月の後に，とうとうウミウシが脚光を浴びるようになったのを見るのは喜ばしいことだ．1960年代の半ばに私が研究を始めたときには，「ネバネバした小さなナメクジ」と多くの人がみなしていたこの動物に対して行きすぎるほどの興味を示すと，たいてい笑い飛ばされたものだった．時代は変わった．この動物の多種多彩な体色，風変わりな模様，そして奇妙な形態は，動物界の中でも最も魅力的な行動パタンと相まって，ダイバーのお気に入りとなり，医療用途の研究においてもますます重要度を増している．一般にウミウシと呼ばれる裸鰓類は，一般書や学術書，さらには電子出版物で目にすることがますます増えてきた．水中写真家たちは，この魅力的な動物がカラフルで，エキゾティックで，しかもゆっくりと動く点で理想的な被写体であることに気がついた．巻貝の重い殻を失ったのちに，たいせつな柔らかい体を守るためにウミウシがどのように進化したかは生物学者の興味を引いてきた．生物工学者は，ウミウシが餌から新しい化学物質を合成する能力に驚かされた．そして，アマチュア愛好家や学生や磯遊びする人たちがこの魅力的な動物に心を奪われる理由には限りがない．このちっぽけな巻貝の一群が人気を高めていく様子を見ていると胸が熱くなる．

ウミウシが示す広い多様性が，環境からの圧力と進化的変化の淘汰過程とのジェットコースターに乗ったかのような，何千もの生物学的な変更の結果であることはまちがいない．ウミウシに採用された特性や形質は，地質学的な時間が流れる間に何度も現れては消えていって，結果的に現在見られるような素晴らしい体の形や体色として作り上げられているに違いない．重くて扱いづらい軟体動物の殻の喪失と，化学的，行動的な防衛戦略の改良の背後にある物語は，海洋生態系をこれほどダイナミックな生物圏にした多くの自然のプロセスやつながりを示す代表例として，ウミウシこそ最も相応しいものにしている．

訳者まえがき

ウミウシの図鑑を鳥やトンボや蝶といった古くから人気のある動物の図鑑と比べてみると，大きな違いがあることに気づく．たとえば鳥の図鑑には鳴き声や繁殖期，おもな餌（食性）などさまざまな情報が載っているのに対して，ウミウシの図鑑には体色や斑紋以外の特徴はほとんど書かれていない．つまり，ウミウシの図鑑は図鑑というよりも，同定の手引書ないし和名付きの写真集といったところなのである．それでも，ウミウシ好きの人たちが撮影した美しい写真が図鑑によって少しでも正しく同定されるのなら，十分に意味はある．そして，情報不足が図鑑の著者たちの怠慢によるものでないのはもちろんである．鳥や虫の図鑑は専門家やアマチュア愛好家が長い間に得た知識の蓄積に支えられているのに，ウミウシの行動や生態についてわかっていることは僅かなので，書きたくても書くことができないのだ．

こうした現状を嘆き，「生き物としてのウミウシを紹介」しようとしてベーレンスさんが著したのが本書である．本書は，学術論文として発表されたウミウシの行動や生態だけでなく，著者自身やその友人たちが観察した未発表の現象もたくさん紹介されている．簡単には見ることができない行動の決定的な瞬間を捉えた写真も多く，素晴らしい本であるが，欠点もある．初版刊行以来 13 年が経ち，その間の新たな発見が織り込まれていないことと，学名のスペルミスや同定ミスが多少見られることである．でも，そういう欠点があるからと言って，本書の知識を日本の読者が知らないでいるのは残念すぎる．欠点があるなら補えばいい，と考えて翻訳することにした．

ミス以外に原著から修正したのは，おもに次の３点である．

1）軟体動物各群の系統関係の理解は近年の DNA 研究によって大きく変更されているため，新旧対照表を載せ，新しい考えを採用した．ただし，原著の初版時点ではウミウシの仲間とされていたが，現在は外れてしまった種についても，そのまま掲載した．学名や和名は基本的に Gosliner（2015, 2018）および中野（2018）に準拠したが，訳者と見解が異なる一部については従わなかった．学名が確定しているが和名がついていない種は「～の仲間」，学名が未確定な種は「～の一種」として区別した．

2）初版以降に明らかにされたウミウシの行動や生態に関する新たな発見は，訳註やコラムとして補足解説し，引用文献を追加した．

3）日本の読者が利用しやすい出版物やウェブ・サイトの情報を追加した．

生き物としてのウミウシはただ美しい姿をしているだけではなく，鳥やトンボや蝶と同じく，驚くほどに不気味で恐ろしげなことをやっていたりもする．鳥好きや虫好きがそういうことも含めて対象動物を慈しみ楽しんでいるように，ウミウシ好きもウミウシの生き方をもっと知って，もっと深く楽しめるようになることを願っている．

目 次

インド太平洋産のアンナウミウシ *Chromodoris annae*

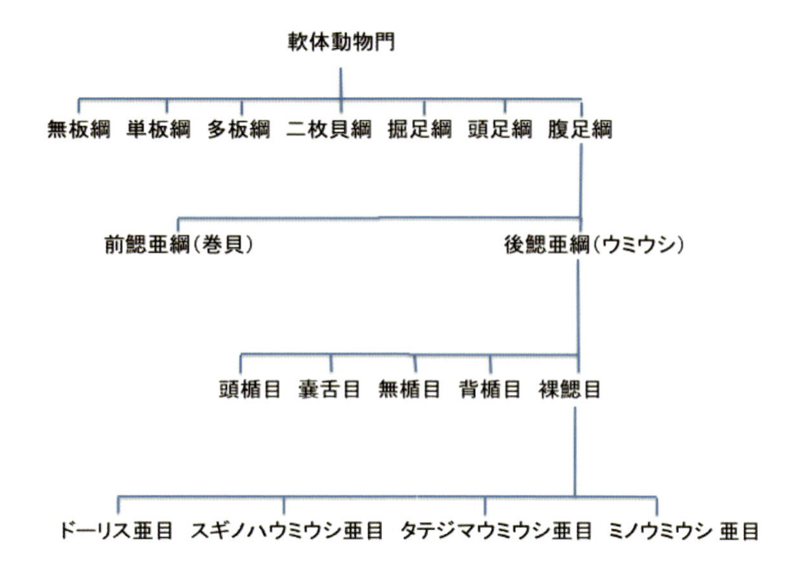

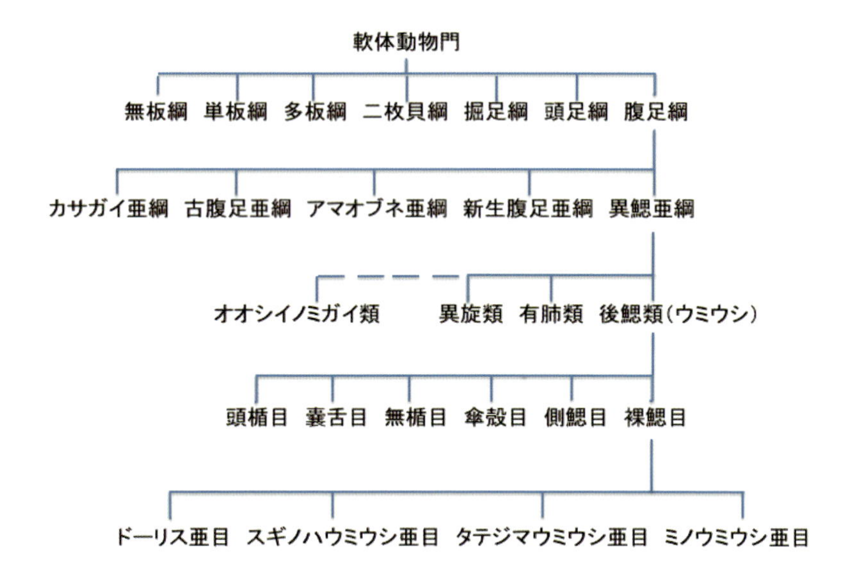

訳註 1・軟体動物の新旧分類表　軟体動物の分類は DNA に基づいた研究によって近年大きく変更されている．原著の初版出版時（2005）の分類体系を上に，現在の体系を下に示す．本書は現在の体系に従っているが，「ウミウシ」から外れてしまったミスガイやコンシボリガイなどオオシイノミガイ類も原著に登場するものはそのまま掲載した．

後鰓類（ウミウシ）の分類

ウミウシという言葉は海洋生物学者にも一般の人にも，裸鰓類を含む全ての後鰓亜綱の種を指して使われることが多かった．[訳註 2] このように後鰓類全てをウミウシと総称する場合と，裸鰓類だけを指してウミウシと呼ぶ場合がある．海中ナチュラリストも両方の使い方をよくしているのだが，この本ではウミウシを前者の大きなグループを指す，広い意味で使っている．

ウミウシの生態や行動を探るには，動物界における彼らの分類階級をまず理解することが大切である．動物は，現代的な分類学の父と言われるスウェーデンの生物学者リンネ（Carolus Linnaeus: 1707–1778）が発案した体系で分類される．一般的には，日常的な言葉として使われている通称によって動物の個体やグループを語る．そうした通称は，その動物の身体的特徴によく結びついていることが多い．しかし，リンネは当時の学のある人らがラテン語やギリシャ語を理解していたことから，それらの言語に根ざした方式を選んだ．リンネの方式を使う世界中の科学者は母国語の通称とは関係なしに，同じ動物に対して共通の名前を適用している．

リンネの分類学的体系は，解剖学的および生理学的特徴に基づいて，類似性のある動物をより包括性の高いグループに配置する．大きなグループは門と呼ばれ，1つもしくはいくつかの特徴を共有する動物を含んでいる．門はさらに綱，目，科，属，種の階級に細分される．それぞれの動物は2つの区分からなる名前を持っている（二名法）．最初の名前である属名（常に大文字で始まる）は共通祖先を共有し，通常は，よく似た解剖学的および生理学的特徴を多数持っている種群に対して与えられる．2つ目の名前である種小名（大文字にはしない）は種，もしくは基準の名前である．種小名は常に属名とセットにして用いられ，単独では種を表さない．種とは，性的に一致していて，生殖可能な子孫を生産できる動物のみを含む．

ウミウシは軟体動物門の仲間である．多くの軟体動物は厚くて重い殻や保護的な甲を分泌するが，この門の全てのメンバーに共通する特徴として柔らかい体を持っており，この門の名“Mollusca”はラテン語の「柔らかい体」に由来する．柔らかい体に加えて，全ての軟体動物は，

- 外套（体の壁の柔らかい拡張部）を有する．外套は，炭酸カルシウムを分泌して骨片（体内に埋め込まれた小さな骨格要素）または貝殻を形成する．
- 排泄器官および生殖器官が放出をおこなう外套腔を有し，鰓または呼吸器官が見出されるグループもある．

訳註 2・ウミウシの英名　日本語の「ウミウシ」は後鰓類全体を指すことも，その中の裸鰓類だけを指すこともあるが，英語では前者は opisthobranch（または sea slug），後者は nudibranch と別の言葉となる．しかし，後鰓類全体を指して nudibranch とする誤用もよく見られる．

・体は頭部，足部および内臓塊に分けられる．
・体内には腎臓，心臓そして生殖腺用にそれぞれ１つずつ計３つの腔所がある．
・口には歯舌（リボン状の歯），くちばし，または胃歯（胃板）など何らかの形態をした摂餌器官がある．

綱

軟体動物は７つの綱に分けられる．

1. **無板綱**：殻を持たない非常に珍しいグループで，細長い蠕虫状をしている

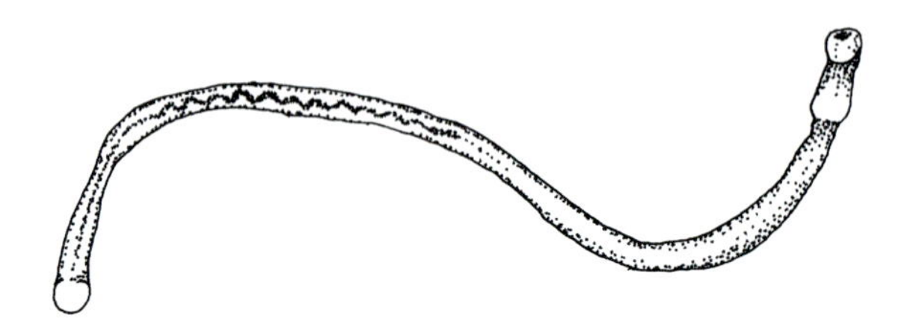

2. **単板綱**：極深海で見つかる珍しい動物群

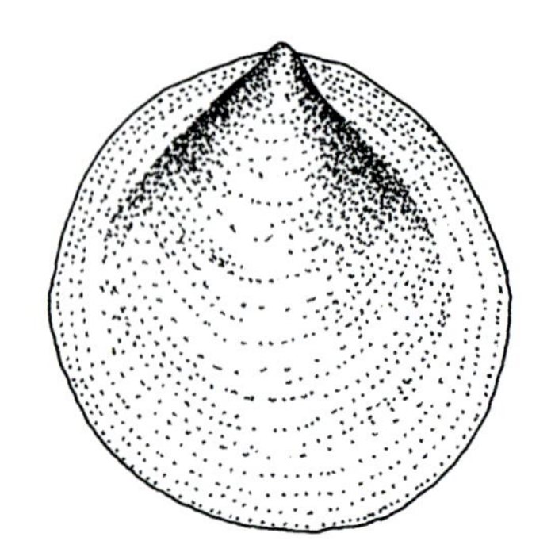

3. **多板綱**：軟体部を保護する８枚の殻板を持つヒザラガイ類を含む

4.　**二枚貝綱**：軟体部を囲む2枚の貝殻を持つ，アサリやカキ，ホタテガイなどを含む

5.　**掘足綱**：ツノガイとして知られる．細長い管状で先細の貝殻を持ち，穴を掘ってすむ

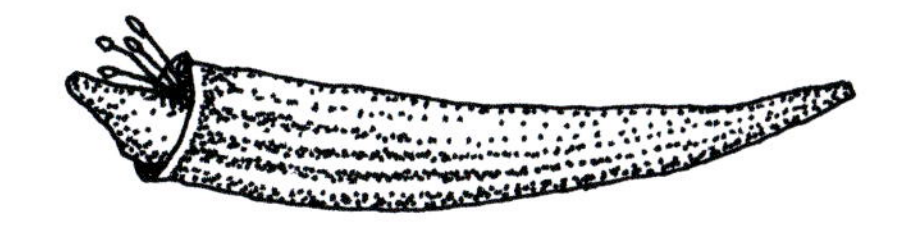

6.　**頭足綱**：タコ，イカ，オウムガイを含む

7.　**腹足綱**：巻貝とウミウシを含む

腹足類の英名（gastropoda）は，胃を意味する“gastro”と足を意味する“poda”の2つのラテン語に由来している．大胆に意訳すると，この名前は，胃を含むよく発達した這う足を持っていることを示している．今日では6万種以上の腹足綱が知られているが，まだ記載されていない（公式の学名が与えられていない）種はそれよりもはるかに多い．これまで一世紀以上に渡る科学的な採集調査や研究者による研究によって，現生種全てが発見されていると思われるかもしれないがそうではない．新種は定期的に発見

され続けている．ウミウシだけに限っても，中米やインド－太平洋海域への調査では，新たな種が必ず見出されている．世界中の軟体動物学雑誌は，新種記載を絶えず出版していて，この本にも未記載種がいくつか含まれている．未記載種は，属名に続けて“sp.”と書いて示される．腹足綱は顕微鏡サイズのものから，体長約1 m，重さ約14 kgに達するカリフォルニア産のアメフラシ属の仲間 *Aplysia vaccaria* まで大きさには大差がある．

以前の分類体系では，腹足綱はさらに2つの亜綱に分けられていた．

1. **前鰓亜綱**：カタツムリやタカラガイ，ホラガイのような螺旋状の殻を持つ巻貝を含む．
2. **後鰓亜綱（ウミウシ）**：頭楯目，無楯目，嚢舌目，側鰓目，傘殻目，裸鰓目を含む．

「前方の鰓」を意味する前鰓類は，頭部に1対の感覚触手があり，通常は螺旋状に巻いた単一の厚い殻を持っている．後鰓類の殻は薄く，サイズが小さかったり，なくなったりしている．前鰓類の発生の過程では，幼生の内臓塊と外套腔が反時計回りに180度まで回転する，「ねじれ」と呼ばれるプロセスが生じる．この動きによって，体内の諸器官と鰓を後方から前方（頭部の後ろ）へと移動させ，軟体部が殻の中に収まることを可能にしている．前鰓類は，海洋，淡水および陸上に生息する仲間を持つ，数少ない生物群の1つである．一方で，後鰓類は海洋環境でしか見つかっていない．[訳註3] 彼らは，前鰓類とは形態学的な発達が異なり，ねじれの逆のプロセスを経るだけでなく，薄い殻や小さな殻を発達させたり，あるいは殻を無くしたりする．「ねじれ戻り」と呼ばれるこの逆回転の発生は，鰓腔や肛門を体の右側または後端のいずれかに押しやっている（後鰓類の英名のopisthobranchは「後部または背中の鰓」を意味している）．全ての後鰓類には頭部に1対の感覚触手があり，触角を持つこともよくある．さらに，螺旋状の殻を持つほとんどの前鰓類は，性が分かれている（雄か雌のどちらかである）が，全ての後鰓類は雌雄同体である（同一個体が雄性器官と雌性器官の両方を持つ）．[訳註4] 後鰓亜綱は10の目に分けられる．そのうち，頭楯目，無楯目，嚢舌目，側鰓目，傘殻目，そして裸鰓目の6つの目がこの本の対象である．

頭楯類

頭楯類は最も原始的で前鰓類からの変化が最も小さい．頭楯類は殻をもつ前鰓類と最も近い位置づけであるが，グループ内では大きな形態的多様性が生じている．全ての頭楯類は共通する特徴として楯状の頭部を持っている．この楯は堆積物中を掘り進むための鋤として用いられる．頭楯類のほとんどの種は体内あるいは体外に何らかの殻を持っているが，その殻は非常に薄く，サイズが小さくなっていることが多い．ほとんどの頭楯類はよく発達した眼を持っているが，触角を持つ種はいない（巻かれた突起物や1対

訳註3・淡水産ウミウシ　例外として淡水産種が知られる．スナウミウシ科のマミズスナウミウシ *Acochlidium amboinense* やヒラスナウミウシ *Strubellia paradoxa* はインドネシアのアンボン島の小川やパラオ諸島で発見された．これらの種は砂中間隙に生息することが多いため，観察されることは少ない．

訳註4・雌雄異体ウミウシ　ほとんどのウミウシが雌雄同体であるが，スナウミウシ目や翼足類には雌雄異体種が知られる．裸鰓類には知られていない．

殻（shell）

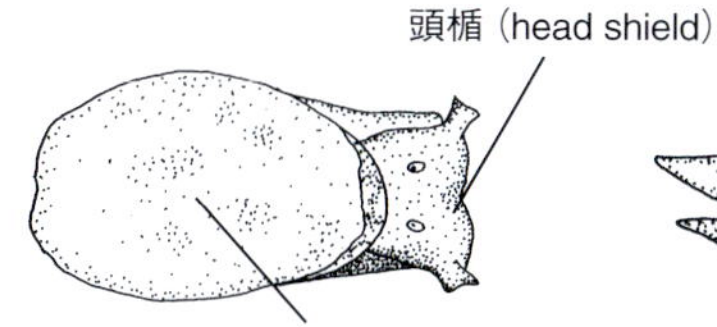

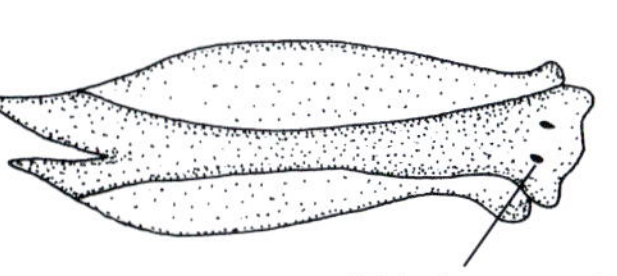

頭楯類の典型的な体形とおもな解剖学的特徴
［左：オオシイノミガイ科,［訳註 5］中央：ナツメガイ *Bulla* 属，右：ニシキツバメガイ *Chelidonura* 属］

オオシイノミガイ科の *Rictaxis punctocaelatus*

ミスガイ *Hydatina physis*

コンシボリガイ *Micromelo undatus*

のこぶを頭の上に持つ種が多く，これらは触角の前駆体かもしれない）.

オオコメツブガイ *Acteocina* 属やオオシイノミガイ科の *Rictaxis* 属は，祖先である前

訳註 5・オオシイノミガイ類　かつては頭楯類であったが分子系統解析による再検討によって，現在ではオオシイノミガイ類に分類される（後鰓下綱から異旋下綱に移された）.

クロヘリシロツバメガイ *Chelidonura pallida*

オハグロツバメガイ *Mariaglaja inornata*

ワモンキセワタ *Philinopsis pilsbryi*

コナユキツバメガイ *Chelidonura amoena*

ニシキツバメガイ *Chelidonura hirundinina*

鰓類から遠く離れてはいるが，螺塔の先が尖った細長い殻を持っている．

カノコキセワタ *Philinopsis* 属やニシキツバメガイ *Chelidonura* 属などの形態的により変化した種では，たいへん小さくなった内在性の殻を持っている．

英語で「翼の生えた胃」を意味する，特殊化したウミコチョウ科では，泳ぐのに使われる大きな外套翼を発達させている．この科の各種は痕跡的な殻を持っている．各属は，体外の鰓の数によって区別される．

ミスガイ *Hydatina* 属とコンシボリガイ *Micromelo* 属 [訳註 5] は，まとめて英語で“bubble snails”と呼ばれ，ドーム形をした外在性の薄い殻を持っている．

クロフチウミコチョウ
Siphopteron nigromarginatum

トウモンウミコチョウ *Sagaminopteron psychedelicum*

嚢舌類

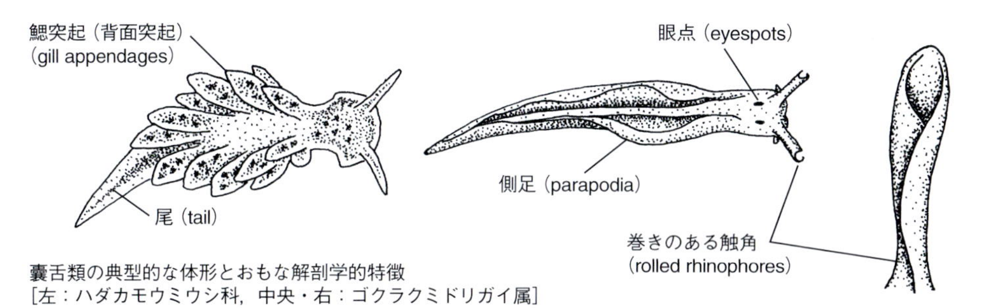

嚢舌類の典型的な体形とおもな解剖学的特徴
［左：ハダカモウミウシ科，中央・右：ゴクラクミドリガイ属］

嚢舌類は多種多様な属と種を含んでいる．ほぼ全てが藻食性で，海藻を摂餌している．ほとんどの種は小型で，彼らが住み込んで，摂餌している藻類によく似た隠蔽的な緑色をしているため，見つけるのは難しい．この仲間の英語の総称 (sap-sucking slug) は，藻類の細胞から中身の液体を吸い出すために筋肉質の咽頭をポンプとして使う能力に由来している．ハダカモウミウシ科の北アメリカ産 *Olea* 属とヨーロッパ産 *Calliopaea* 属は藻類ではなく，他の後鰓類の卵を摂餌している．嚢舌類は，泡つぶ状の殻をもつ種と無殻の種の 2 つのおもなグループに分けられる．無殻の種の外套膜は背中に多数の突起や，対をなすこぶ，あるいはひだを形成している．双方のグループとも巻きのある管状の触角を有している．

フリソデミドリガイ *Lobiger* 属とナギサノツユ *Oxynoe* 属は外在性の泡つぶ状の殻を持っている．これらの種の外套膜は，翼状あるいは乳頭状の突起を発達させている．

ゴクラクミドリガイ *Elysia* 属やアデヤカミドリガイ *Thuridilla* 属の外套膜は折りたたまれて 2 つの隆起を形成しているが，キマダラウロコウミウシ *Cyerce* 属やツマグロモウミウシ *Placida* 属の外套膜はさまざまな形をした多数の突起を背部に発達させている．

フリソデミドリガイ *Lobiger souverbiei*

ナギサノツユ属の仲間 *Oxynoe antillarum*

キマダラウロコウミウシ *Cyerce nigricans*

ゴクラクミドリガイ属の仲間 *Elysia diomedea*

ツマグロモウミウシ属の一種 *Placida* sp.

無楯類－アメフラシ類

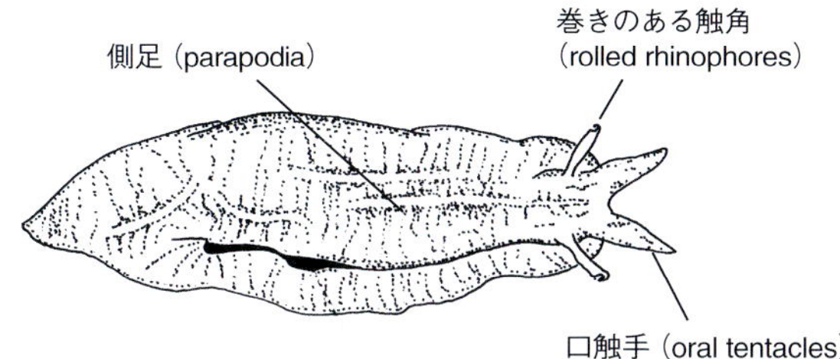

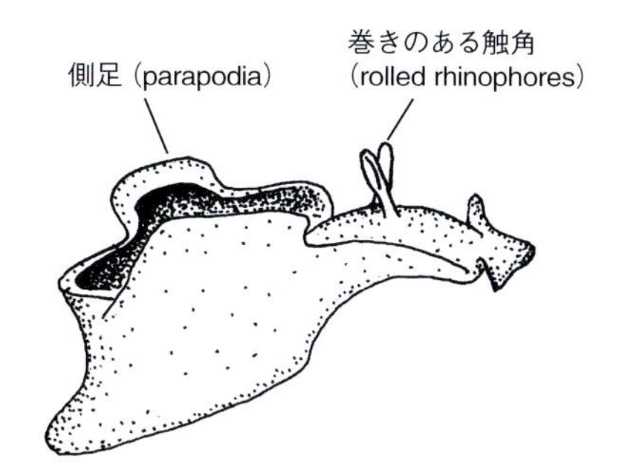

アメフラシ類の典型的な体形とおもな解剖学的特徴
[左：ウミナメクジ *Petalifera* 属，右：アメフラシ *Aplysia* 属]

「海のウサギ」というこの仲間の英名（seahare）は，ほとんどの種がウサギの耳に似た触角をもち，体サイズがかなり大きく，海藻や海草を食べていることを含めて，全体的にウサギのような外観をしていることに由来している．また，アメフラシは翼状の大きな外套膜（側足）を持ち，この側足を使って水中を泳げる種もいる．使われないときは，側足は背中に折り畳まれていて，外套腔を覆っている．ほとんどの種は，外套膜に埋もれた，小さくて薄い殻を持っている．

アメフラシ属の一種 *Aplysia* sp.

タツナミガイ *Dolabella auricularia* [訳註 6]

クロヘリアメフラシ *Aplysia parvula*

訳註 6・タツナミガイの体色　体色が日本産のものと異なる．

側鰓類

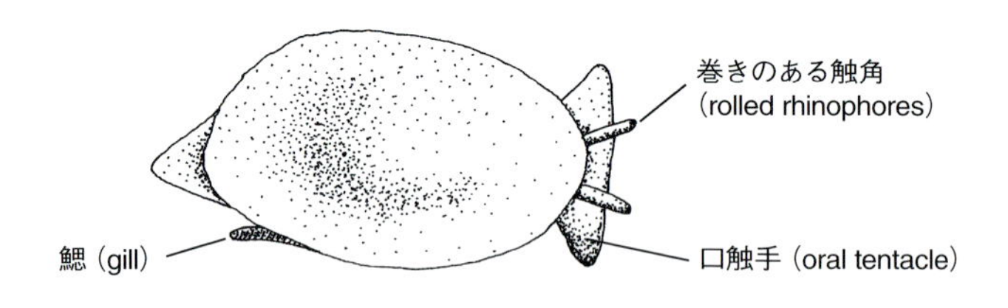

側鰓類の典型的な体形とおもな解剖学的特徴［フシエラガイ類］

側鰓類には，右体側の外套膜の下に羽根が並んだような鰓があり，巻きのある触角を持っている．ヒトエガイ *Umbraculum* 属やジンガサヒトエガイ *Tylodina* 属は，体の外側に殻を持っている．[訳註 7]

ゼニガタフシエラガイ *Pleurobranchus* 属，シロフシエラガイ *Berthella* 属，そしてホウズキフシエラガイ *Berthellina* 属などの殻は，薄くて目立たない板状をしている．ゼニガタフシエラガイ *Pleurobranchus* 属はふつうかなり大型で，外套膜の表面には隆起があり，その触角は外套膜の前縁の深い裂け目を抜けて伸びている．一方，シロフシエラガイ *Berthella* 属やホウズキフシエラガイ *Berthellina* 属はふつう小型で，前縁に小さな裂け目があるだけの，滑らかな外套膜を有している．マダラウミフクロウ *Euselenops* 属は，三角の口幕を備えた丸い体と，体の後端に開くかなり長い水管の上に折り畳まれた，腹足よりもずっと幅広い外套膜を持つことで見分けられる．ウミフクロウ

ジンガサヒトエガイ属の仲間 *Tylodina fungina* [訳註 7]

ホウズキフシエラガイ属の仲間 *Berthellina engeli*

ゼニガタフシエラガイ *Pleurobranchus forskalii*

マダラウミフクロウ *Euselenops luniceps*

訳註 7・傘殻類　かつては側鰓目として分類されたが，現在では傘殻類に分類される．

Pleurobranchaea 属は完全に殻を失っていて，外套膜よりも明らかに幅の広い腹足と，幅の広い口幕を持っている．ほとんどの側鰓類は夜行性で，見つけるのが難しい．

裸鰓類

裸鰓目は後鰓類の中で最多種数を誇る目で，2,000 種 [訳註 8] 以上にのぼると見積もられている．裸鰓目の英名は，無防備で剝き出しの鰓の構造に由来する．成体はみな殻を持っておらず，幼生は発生の途中で殻を失くす．この目の体形はさまざまで，鰓の形やその他の身体的特徴もさまざまである．裸鰓目はドーリス亜目，スギノハウミウシ亜目，タテジマウミウシ亜目，そしてミノウミウシ亜目の 4 つの亜目で構成されている．

ドーリス亜目

ドーリス亜目は裸鰓目の他の 3 亜目の合計よりも多くの種を含んでいる．ドーリス類は，その種数の多さ，比較的大きなサイズ，そして派手な体色によって，海中ナチュラリストが目にすることが多い．鰓を持たないオカダウミウシ *Vayssierea* 属を除いて，全てのドーリス類は，目立つ鰓を持っている．ほとんどのドーリス類の鰓は，背中の後方にある肛門を囲んでバラの花形あるいは円形に並んでいる．しかし，イボウミウシ科の鰓は，背中と腹足との間の体側に伸び，コランベ科の鰓は背中の後方の窪みから突き出ている．ドーリス類の触角，体形，装飾は科内ではもちろん，属内でさえも著しく変化に富んでいる．そして，どの科も隠蔽的な種と派手な種を含んでいる．

ドーリス類は口器と鰓構造の違いに基づいて 3 つのカテゴリに便宜的に分けられるが，それらは分類学的なカテゴリではない．英語で「隠された鰓」を意味する隠鰓ウミウシ類として知られる 1 番目のカテゴリのウミウシは，背中の上の穴の中に鰓を引っ込める能力を持っている．ほとんどの種は楕円形の体型で，体とははっきり区別できる大型の頭部があり，どの種も葉状の触角を持っている．

隠鰓ウミウシ類

以下は科ごとに並べた隠鰓ウミウシ類の数例である．

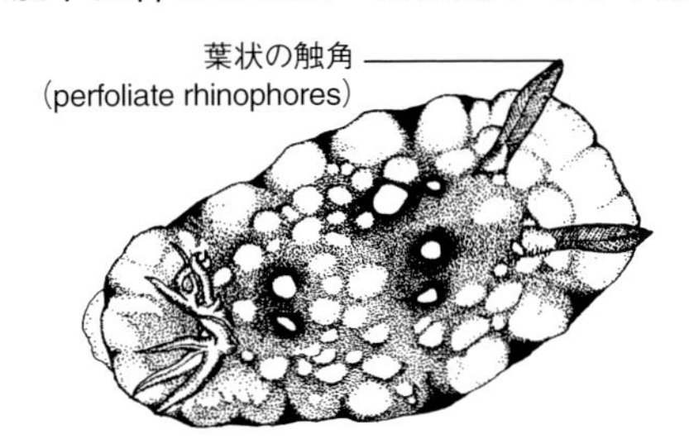

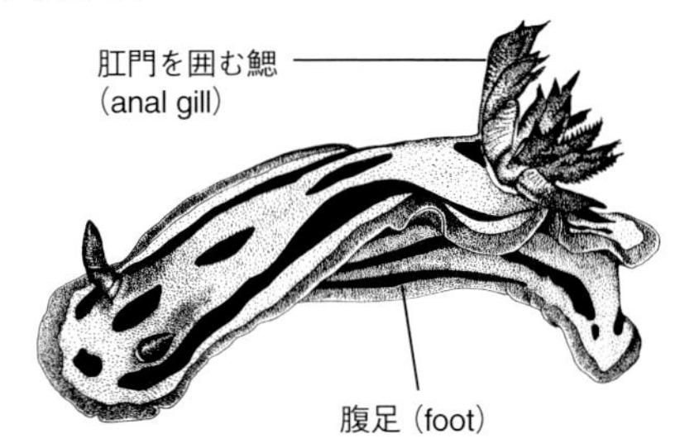

隠鰓ウミウシ類の典型的な体形とおもな解剖学的特徴［左：アデヤカイロウミウシ *Goniobranchus* 属，右：ミスジアオイロウミウシ *Chromodoris* 属］

訳註 8・世界のウミウシの種数　今日では後鰓類全体で全世界に 5,000～6,000 種いると見積もられている．

イロウミウシ科

ダイアナウミウシ *Chromodoris dianae*

アンナウミウシ *Chromodoris annae*

ミゾレウミウシ *Chromodoris willani*

オトヒメウミウシ *Goniobranchus kuniei*

チリメンウミウシ *Chromodoris reticulata*

アミダイロウミウシ *Hypselodoris iacula*

アオウミウシ属の仲間 *Hypselodoris acriba*

ホシゾラウミウシ *Hypselodoris infucata*

オダカホシゾラウミウシ *Hypselodoris roo*

ニシキウミウシ *Ceratosoma trilobatum*

アレンウミウシ *Miamira alleni*

シンデレラウミウシ *Hypselodoris apolegma*

シロタエイロウミウシ属の一種 *Glossodoris* sp.

アカテンイロウミウシ *Glossodoris cruenta*

キイロウミウシ *Doriprismatica atromarginata*

イガグリウミウシ *Cadlinella ornatissima*

ミナミニシキウミウシ *Ceratosoma gracillimum*

スミレウミウシ *Mexichromis macropus*

ツヅレウミウシ科

ヒラツヅレウミウシ *Discodoris boholiensis*

トサカスリウミウシ *Diaulula* sp.

メダマヤキウミウシ *Carminodoris estrelyado*

ドーリス科

パイナップルウミウシ *Halgerda willeyi*

モザイクウミウシ属の仲間 *Halgerda batangas* [訳註 9]

訳註 9・*Halgerda* 属の和名　*Halgerda* 属の和名はヒオドシウミウシ属とされることが多いが，当初ヒオドシウミウシ *Halgerda rubicunda* として記載された種がカザンウミウシ *Sclerodoris* 属に移されたことによる混乱を避けるため，本書ではモザイクウミウシ属とした．

孔口ウミウシ類

英語で「孔状の口」を意味する孔口類として知られる２番目のカテゴリのウミウシは，隠鰓ウミウシ類と同じく楕円状をしているが，その頭部は体とよりぴったりと融合している．隠鰓ウミウシ類と同じく，ほとんどの孔口ウミウシ類も葉状の触角を持っている．背中に鰓を持たないイボウミウシ科を除けば，鰓は隠鰓ウミウシ類と同じような位置にある．イボウミウシ科では，鰓は背中の後方で腹足の側面に沿って位置している．外套膜上の瘤状突起や畝の存在はこの科を見分けるのに役立っている．

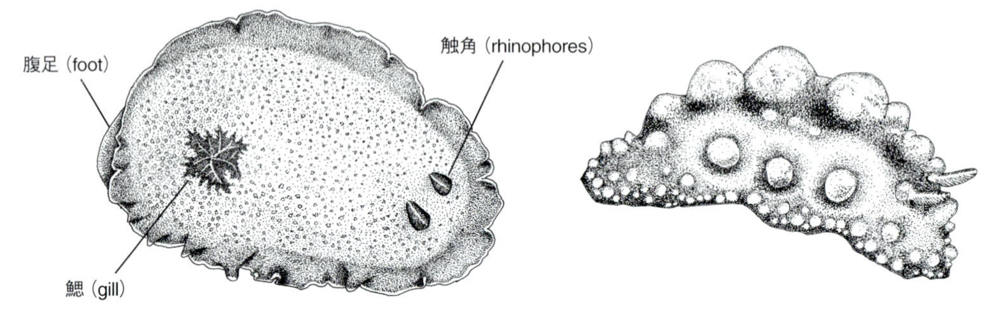

孔口ウミウシ類（左）とイボウミウシ科（右）の典型的な体形

クロシタナシウミウシ科

ミヤコウミウシ *Dendrodoris denisoni*

ダイダイウミウシ属の仲間 *Doriopsilla janaina*

ダイダイウミウシ属の仲間 *Doriopsilla albopunctata*

ダイダイウミウシ属の仲間 *Doriopsilla spaldingi*

ヒメマダラウミウシ *Dendrodoris guttata*

イシガキウミウシ *Dendrodoris tuberculosa*

イボウミウシ科

フリエリイボウミウシ *Phyllidia picta*

パイペックイボウミウシ *Phyllidiopsis pipeki*

ユキヤマウミウシ *Reticulidia fungia*

ユキヤマイボウミウシ属の仲間 *Reticulidia suzanneae*

ミカドウミウシ科 [訳註 10]

ミカドウミウシ *Hexabranchus sanguineus*

訳註 10・ミカドウミウシの位置付け　かつては隠鰓ウミウシ類として分類されたが，現在では顕鰓ウミウシ類に分類される．

顕鰓ウミウシ類

3番目のカテゴリのウミウシは，英語で「明らかな鰓」を意味する顕鰓ウミウシ類で，明確な頭部があり，細長い体を持つ種で構成されている．顕鰓ウミウシ類は，多様な体色，装飾突起，さまざまな形の触角を持ち，背中にある鰓口もしくは鞘の中に鰓を引っ込めることができない．

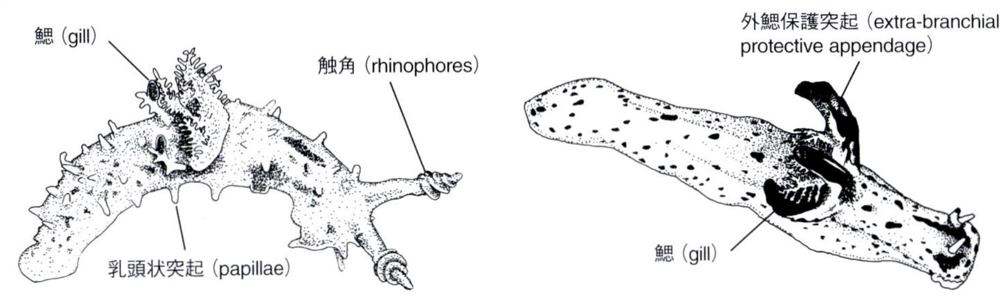

顕鰓ウミウシ類の典型的な体形［左：フジタウミウシ科，右：タチアオイウミウシ *Notodoris serenae*］

フジタウミウシ科

セグロリュウグウウミウシ *Nembrotha chamberlaini*

クロスジリュウグウウミウシ属の一種 *Nembrotha* sp.

クロスジリュウグウウミウシ属の仲間 *Nembrotha mullineri*

トサカリュウグウウミウシ *Nembrotha cristata*

ウデフリツノザヤウミウシ *Thecacera pacifica*

フジタウミウシ属の仲間 *Polycera tricolor*

ミドリリュウグウウミウシ *Tambja morosa*

イシガキリュウグウウミウシ *Tyrannodoris luteolineata*

キヌハダウミウシ科

シロボンボンウミウシ *Gymnodoris* sp.

オオアカキヌハダウミウシ *Gymnodoris aurita*

キイボキヌハダウミウシ *Gymnodoris impudica*

センヒメウミウシ科

タチアオイウミウシ *Notodoris serenae*

ネコジタウミウシ科

イバラウミウシ属の仲間 *Okenia kendi*

イバラウミウシ属の仲間 *Okenia rosacea*

スギノハウミウシ亜目

スギノハウミウシ類はふつう長細く，先が尖った体で，鰓には紡錘状，葉巻状あるいは分岐した枝状の突起がついている．メリベウミウシ *Melibe* 属には幅の広いパドル形の鰓がある．メリベウミウシ類の触角はふつう縦溝があるか，カップ状をしている．

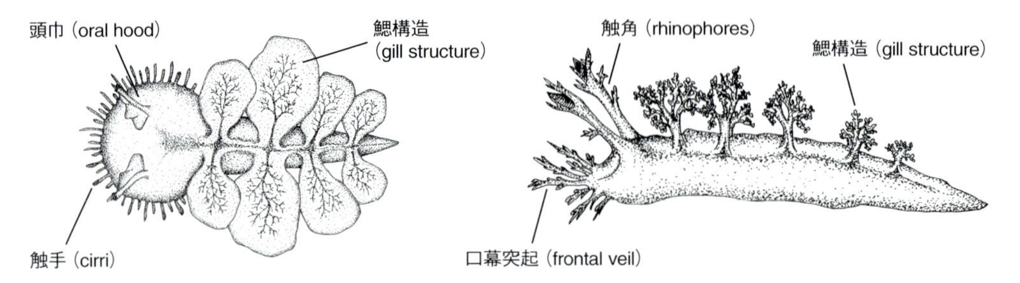

スギノハウミウシ類の体形［左：メリベウミウシ *Melibe* 属，右：スギノハウミウシ *Dendronotus* 属］

ムカデメリベ *Melibe viridis*

シロホクヨウウミウシ *Tritonia festiva*

ナガムシウミウシ *Lomanotus vermiformis*

ウスイマツカサウミウシ *Doto ussi*

スギノハウミウシ属の仲間 *Dendronotus albus*

ミドリハナガサウミウシ属の一種 *Marionia* sp.

オオバンハナガサウミウシ *Tochuina gigantea*

タテジマウミウシ亜目

タテジマウミウシ亜目は，裸鰓類の他の3つの亜目にうまく適合しない種が，おおよそ「がらくた入れ」的に扱われている．頭部にある口幕（面盤とも呼ばれる）は，タテジマウミウシ類が共通して備える唯一の明確な特徴である．

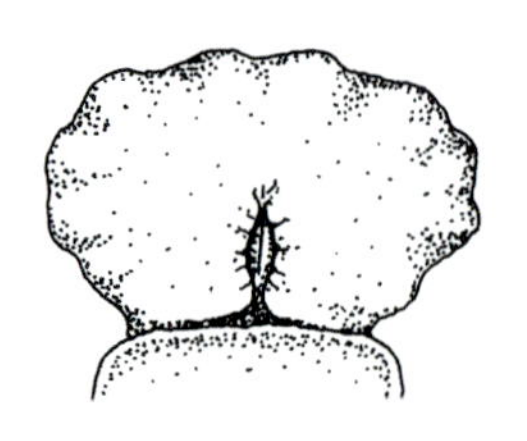
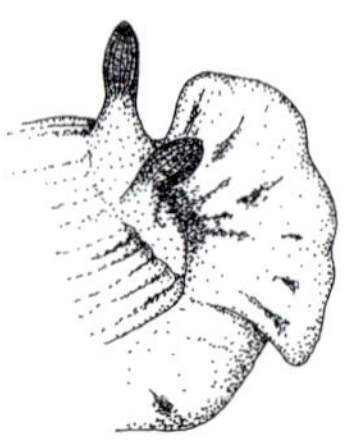

アケボノウミウシ *Dirona* 属（左）とタテジマウミウシ *Armina* 属（右）の口幕

タテジマウミウシ *Armina* 属とオトメウミウシ *Dermatobranchus* 属には，平たくて先の尖った背中に細い縦筋が走っている．鰓は背中と腹足の間の体側に位置している．アケボノウミウシ *Dirona* 属，ショウジョウウミウシ *Madrella* 属，そしてコヤナギウミウシ *Janolus* 属は，背中と頭部を覆う多数の鰓構造を持つ．この構造は，ミノウミウシ類（次節）が共通して備える，刺胞を貯蔵することができる背面突起と似て見えるが，解剖学的には異なっている．タテジマウミウシ *Armina* 属とオトメウミウシ *Dermatobranchus* 属の触角には縞があり，塊状であることもある．

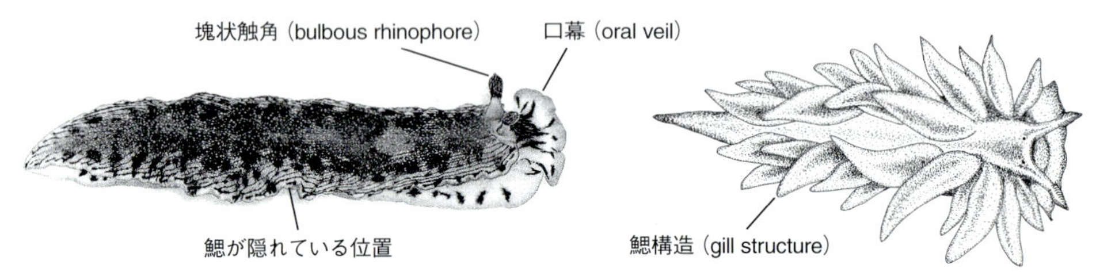

タテジマウミウシ *Armina* 属（左）とアケボノウミウシ *Dirona* 属（右）の典型的な体形

アオフチオトメウミウシ *Dermatobranchus caeruleomaculatus*

ルリフチハスエラウミウシ *Armina occulata*

オトメウミウシ属の仲間 *Dermatobranchus leoni*

タテジマウミウシ属の一種 *Armina* sp.

アケボノウミウシ属の仲間 *Dirona albolineata*

トゲトゲウミウシ *Janolus* sp.

ミノウミウシ亜目

ミノウミウシ亜目は裸鰓類の中で，ドーリス亜目に次いで2番目に大きな亜目を構成している．ミノウミウシ類は一般的に細長くて，先が尖った体で，頭部には触角とはまったく異なった1対の頭触手があり，背面突起として知られる呼吸器官が背中に房状あるいは列状に並んでいる．いくつかの属では，刺胞嚢として知られる，防御のために刺胞カプセルを貯蔵する構造が，それぞれの背面突起の先端にある．刺胞は，ミノウミウシ類の普段の餌であるヒドロ虫類や他の刺胞動物から取り入れている．いくつかの科では，腹足の端が目立つ角状になっている．

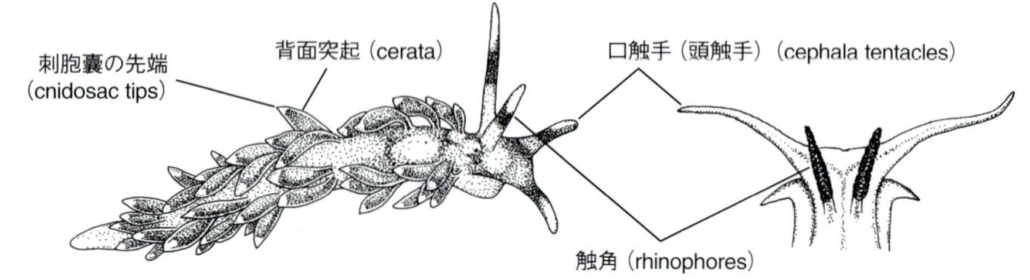

典型的なミノウミウシ類の体形と，口触手（頭触手）を示した頭部の詳細

オオミノウミウシ上科（ヨツスジミノウミウシ科）

エムラミノウミウシ *Hermissenda crassicornis*

オオコノハミノウミウシ *Phyllodesmium longicirrum*

ムカデミノウミウシ *Pteraeolidia* cf. *semperi* [訳註 11]

訳註 11･ムカデミノウミウシの隠蔽種　*Pteraeolidia* cf. *semperi* には複数の隠蔽種が存在することが明らかとなっている．

ニイニイミノウミウシ属の一種 *Moridilla* sp.

トモエミノウミウシ属の一種 *Favorinus* sp.

ヨツスジミノウミウシ科の仲間 *Hermosita sangria*

アカクセニアウミウシ *Phyllodesmium kabiranum*

タオヤメミノウミウシ *Phyllodesmium undulatum*

オオミノウミウシ上科（オオミノウミウシ科）

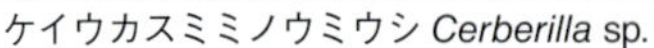

ケイウカスミミノウミウシ *Cerberilla* sp.

マエダカスミミノウミウシ *Cerberilla annulata*

ヒダミノウミウシ上科（ゴシキミノウミウシ科）

ミチヨミノウミウシ *Trinchesia sibogae*

シロタエミノウミウシ属の一種 *Tenellia* sp.

シロタエミノウミウシ属の一種 *Tenellia* sp.

サキシマミノウミウシ上科

サキシマミノウミウシ上科の仲間 *Flabellinopsis iodinea*

ロータスミノウミウシ *Coryphellina lotos*

サンドラミノウミウシ *Unidentia sandramillenae*

サキシマミノウミウシ科の仲間 *Orienthella trilineata*

感覚と呼吸

ウミウシは，多少とも視覚，聴覚，味覚，嗅覚，触覚に似たようなものを備えている．しかし，ウミウシがその環境を実際にどのように知覚しているのか，さらにはウミウシの感覚的なフィードバックをヒトの言葉で正確に記述できるのかさえわからないままである．

視覚

ほぼ全てのウミウシが何らかの形の眼を持っているが，そうした眼はヒトの眼はもとより，イカやタコといった軟体動物の親戚の眼に比べてもはるかに発達していない．たいていの場合，ウミウシの眼は触角近くの頭部の組織内深くに埋め込まれた色素斑にすぎない．洗練されていない視覚神経が情報を脳へと伝達している．

裸鰓類やその親戚が形や色を見分けられないことは確かだが，原始的な眼の組織が光を感じている証拠はある．ウミウシ学の大家である William（= Bill）Rudman は，「ウミウシが自分たちの美しい姿や体色を互いに見ることができないのは何とも残念に思う」と嘆いている．

眼点の色素が周囲の体組織の色と一致していることがよくあるため，一部のウミウシでは眼点の位置を突き止めるのが難しいとわかっている．それとは対照的に，アメフラシや嚢舌類の眼点は，眼の場所を取り囲む精巧な色彩パタンではっきりわかることが多い．頭楯類のトウモンウミコチョウ *Sagaminopteron psychedelicum* やアマクサウミコチョ

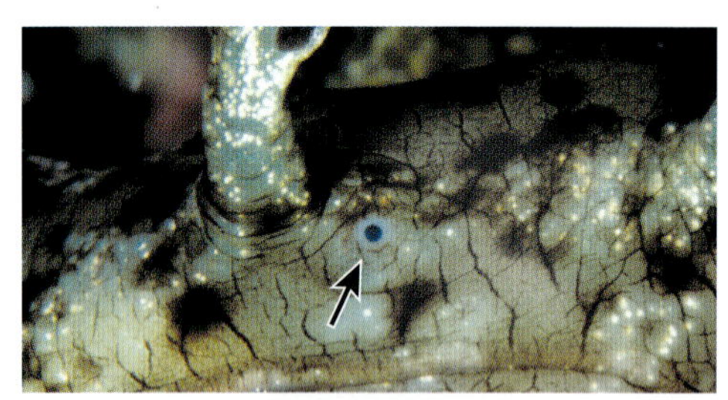

ジャノメアメフラシ *Aplysia argus* の眼点

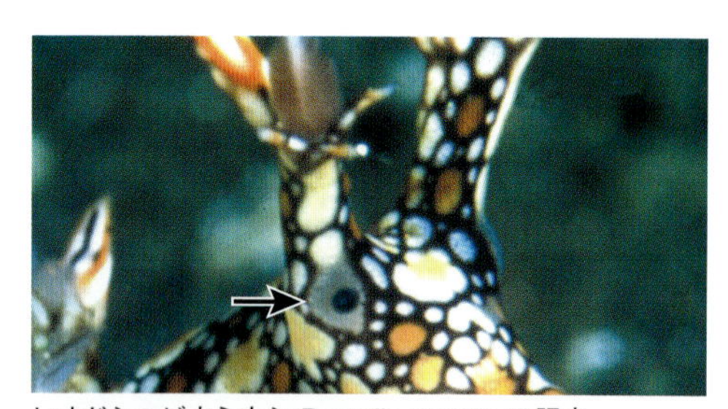

ヒオドシユビウミウシ *Bornella anguilla* の眼点

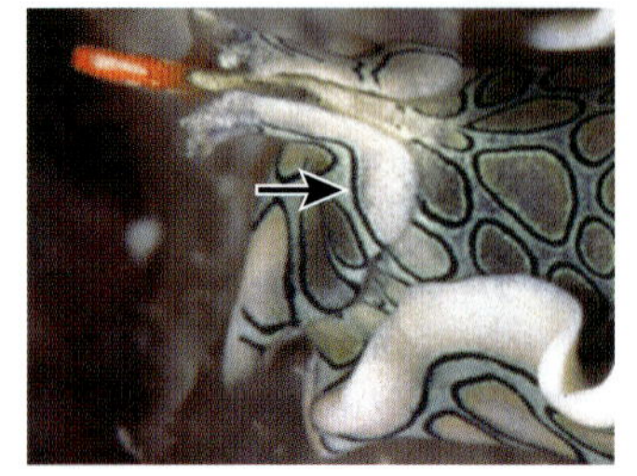

透明な眼点覆い

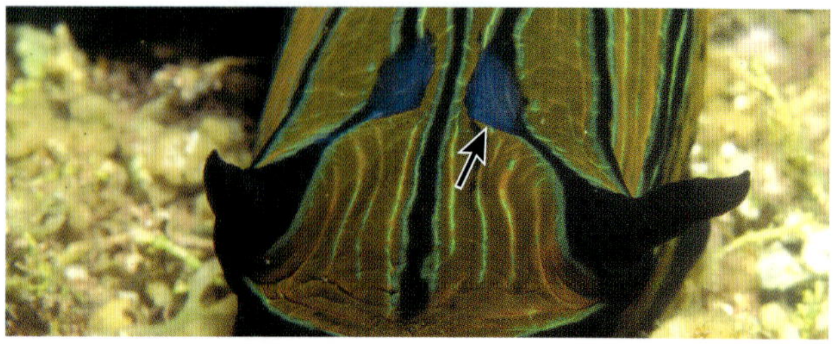

青色の領域では光が皮膚を透過する

ウ *Gastropteron bicornutum*，ドーリス類のニシキリュウグウウミウシ属の仲間 *Tambja abdere* などでは眼の近くに色素のない領域があって，光が皮膚を通り抜けて，その下の原始的な眼に届くようになっている．この特徴は，こうしたウミウシの眼が多少は洗練された機能を持っているのではないかという考えを抱かせる．

嗅覚

ウミウシに嗅覚があるとすれば，多くの種の頭部にある2本の角状の構造物である触角がおそらくそうした感覚器官を備えていると思われる．触角（rhinophore）を表す言葉は鼻を意味する“rhino”と運搬を意味する“phore”からできている．ヒトとウミウシはおそらく同じような方法で匂いを知覚しているのだろうが，私たちの鼻腔が空中を漂う化学分子を検出しているのに対して，触角は海水中の化学分子を識別している．多くのウミウシは餌を見つけ出すおもな手段として触角を利用している．触角は1対の長

典型的なドーリス類の触角

典型的なミノウミウシ類の触角

コヤナギウミウシ *Janolus* 属に見られる典型的なタテジマウミウシ類の触角

さまざまな触角

い神経で脳と繋がっている．この神経の末端には２種類の細胞構造がある．化学受容に関係する分岐（樹状）細胞と，振動や水圧変化を感じる機械受容体として働く繊毛性細胞である．

ウミウシの触角はさまざまな形態と色彩を進化させている．この魅力的な構造は種の分類学的な区分と肉眼的な同定の両方において重要な役割を果たしている．

生物学者は，形態に基づいて触角をいくつかのカテゴリーにまとめている．平滑触角は単純な棍棒状の構造を持ち，巻き触角は中空の管を形成し，有輪触角には真っ直ぐな軸を取り巻く一連の輪があり，葉状ないし薄板状触角は葉状か薄板状に見える．より進化した触角は，嗅覚器官の化学的検出力を向上させるために複雑な形態を形成して表面積を増やしている．

触角の形態

頭楯類など一部の原始的なウミウシは触角を持たないが，口の両側を取り囲む隆起に生えた分岐した繊毛である感覚毛を利用して嗅覚に相当することを達成している．保護のために窪みに引っ込めることができるこの感覚器官は，ウミウシやヒラムシの粘液跡に残された化学的な手がかりを拾い上げることで餌を見つけるために利用されている．

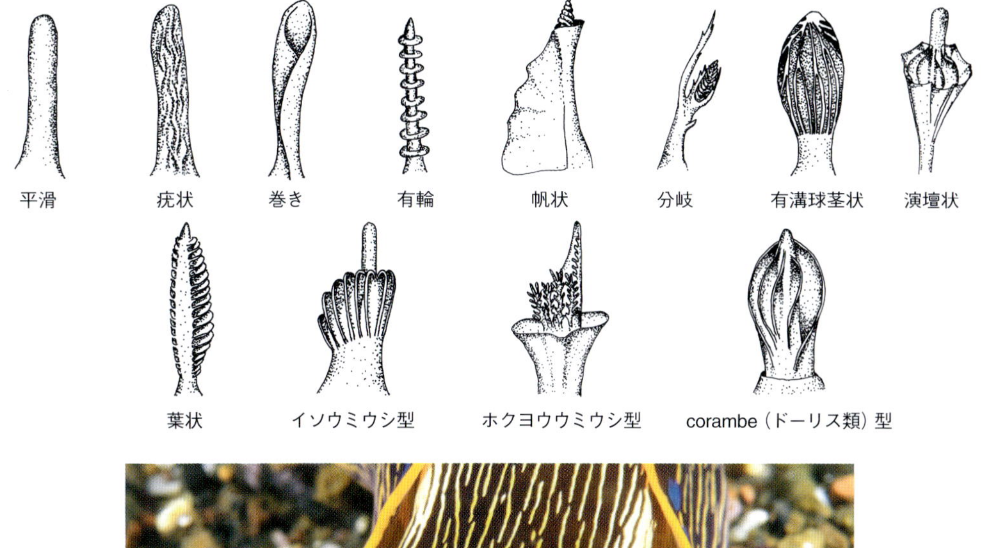

カノコキセワタ科の仲間 *Navanax inermis* には頭部の両側の口のあたりに感覚毛の隆起がある

聴覚

ウミウシにおいて聴覚に当たるものは，空中での音波に相当する，振動や圧力波の変化を検出する触角内の繊毛性細胞だけに担われている．ウミウシはヒトのようには音を検出できないのだが，ヒトの耳骨の進化的な前駆体である耳石あるいは平衡砂を持っていることは注目すべきである．この小さな石灰質の球体は，頭部の1対の大きな神経の近くにある，平衡胞として知られる器官の内側に収まっている．ウミウシのような下等な動物では，これらの「耳骨」はおそらく重力あるいは流体静力学センサーとして働き，音ではなく空間定位に関わっているのだろう．

味覚

より発達した動物に見られる味蕾はウミウシにはなく，好みの餌から発散される化合物を感知するには触角や口触手を使っていて，その刺激が摂餌反応の引き金となっている．

インド太平洋に分布するセグロリュウグウウミウシ *Nembrotha chamberlaini* が単体性のホヤを襲っている

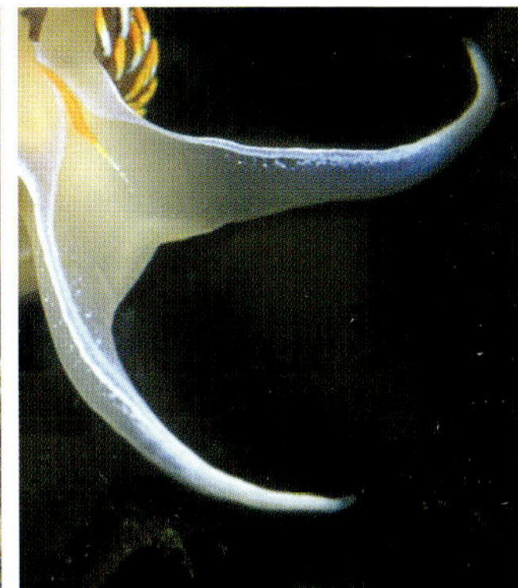

頭触手の例

口触手

触覚

ほとんど全てのウミウシは何らかの形の頭触手あるいは口触手を持っていて，それらは触覚を司っていると考えられている．ミノウミウシ類が這っているときは，頭触手が体の前方に伸びて揺れ動く．ドーリス類には口の両側に先が細くなった円筒状の触手があり，おそらく同じような方法で機能しているのだろう．これらの器官はウミウシが環境中を進む上で助けとなっているのだろうが，確かなことはわかっていない．

パプアニューギニアに分布するハナデンシャ *Kalinga ornata* は，おそらく餌を探すために分岐した口触手を使っている

太平洋北西部に分布するメリベウミウシ属の仲間 *Melibe leonina* は，フード部に感覚突起を持っている

インド太平洋に分布するムカデメリベ *Melibe viridis* のフード部には感覚突起が並んでいる

多くのウミウシは触れられると反応する．この反応は，外部刺激を感じる神経系が体全体に広がっていることを示している．触角や鰓も触覚に対して似たような感受性を示す．

ドーリス類のハナデンシャ *Kalinga ornata* では，頭部の前縁に沿って口触手が並び，頭部の両側には大きな側方突起があって，海底の凸凹を感じていると思われる．

別のウミウシには口のあたりに感覚装置があって，おそらく餌の定位や摂餌を助けていると思われる．スギノハウミウシ類のメリベウミウシ *Melibe* 属では，伸縮性に富んだフードの縁に長くて細い感覚突起が並んでいる．この突起の正確な機能は分かっていないが，餌に気づいたり，餌が捕まったことを知らせたりするのに使われていると想像されている．

呼吸

海水中から酸素を吸収することで呼吸機能を担っているウミウシの鰓は，さまざまな形態に進化している．触角と同じく，鰓の形や構造は種の同定において重要な手がかりをもたらしている．外側に鰓を持つ多くの裸鰓類は，脅かされたときには，この傷つきやすい器官を内側の保護的な袋へとすばやく引っ込めることができる．より原始的なウミウシの鰓は見ることが難しい．外套腔内の襞の列の下側や貝殻の内側に隠されていることが多いからである．側鰓類は体の右側の外套の下に大型の鰓構造を持っている．この構造物はこの仲間の英名（sidegill slug）の元になっている．嚢舌類の一部には，背中の上に背面突起として知られる付属器の列があって，鰓としてはたらいている．鰓構造を持たない嚢舌類は，背中の外套にある襞を通じて直接ガス交換をおこなっている．

アメフラシ属の仲間 *Aplysia morio* のように，アメフラシ類の鰓は外套孔の内側深くに隠されている

傘殻類の鰓は，外套と腹足の間の側方に位置している

嚢舌類のオオアリモウミウシ属の仲間 *Costasiella ocelifera* は鰓のように機能する背面突起を持っている

嚢舌類のレタスウミウシ *Elysia crispata* はフリルのような外套突起を通じて呼吸している

クロカブトウミウシ *Reticulidia halgerda* などのイボウミウシ類の鰓は外套の側部下方に位置している

タテジマウミウシ *Armina* 属やオトメウミウシ *Dermatobranchus* 属などのタテジマウミウシ類にも外套の側部下方に鰓がある

ドーリス類の二次鰓

イボウミウシ類を除く全ての裸鰓類には，二次鰓と呼ばれる分岐した羽状突起が背中にあり，体の後部に近い場所にある肛門を取り囲んでいる．ドーリス類の隠鰓ウミウシ類では，体の表面の腔所に鰓を引っ込められる．派手な体色のミカドウミウシ *Hexabranchus* 属は6葉の鰓を持ち，それぞれ個別の腔所にばらばらに引っ込められる．

イボウミウシ類では二次鰓が消失して，それに代わる小さな葉状の構造物が外套と腹足の間の体側に沿って並んでいて，側鰓類にそっくりである．

インド太平洋に分布するタチアオイウミウシ *Notodoris serenae*（左）とクロスジレモンウミウシ *Notodoris minor*（右）の鰓を保護している付属器の例

インド太平洋に分布するテヌウニシキウミウシ *Ceratosoma tenue*

インド太平洋に分布するアレンウミウシ *Miamira alleni*（左）とミズタマウミウシ属の一種 *Thecacera* sp.（右）の鰓を保護する構造体の例

一部のドーリス類の顕鰓ウミウシ類の収納できない鰓は，鰓の房にある程度の物理的な保護を与える付属器に囲まれている．ツノザヤウミウシ *Thecacera picta*，タチアオイウミウシ *Notodoris serenae*，アレンウミウシ *Miamira alleni* などでは，この構造物はウミウシの体の上に目立つ突起を形成している．

ミノウミウシ類，スギノハウミウシ類，タテジマウミウシ類の一部など，これまで述べた以外の裸鰓類にはどれも明らかな鰓がない．そうしたウミウシは，特殊化した体の突起物を通じて直接ガス交換をおこなっている．その最も顕著な例がミノウミウシ類の背中から伸びる背面突起である．

ミノウミウシ類の背面突起はふつう指状あるいは葉巻状をしている．この仲間では，背面突起はガス交換と呼吸が起こるおもな場所である．壁が薄く細長いこの袋は，血液

ミチヨミノウミウシ *Trinchesia sibogae* の背面突起の詳細

ロータスミノウミウシ *Coryphellina lotos* の背面突起の詳細

が海水中から酸素を吸収するために申し分のない直接的な経路となっている．背面突起はとても色彩が豊かで，形が変わっていることがある．多くは先の細い円筒形をしてい

長くてがっしりした背面突起が，インド太平洋に分布するクセニアウミウシ *Phyllodesmium crypticum* を飾っている

インド太平洋に分布するミノウミウシ類の背面突起の例．シロタエミノウミウシ属の一種 *Tenellia* sp.（左上），アカクセニアウミウシ *Phyllodesmium kabiranum*（右上），クセニアウミウシ *Phyllodesmium crypticum*（左下），タオヤメミノウミウシ *Phyllodesmium undulatum*（右下）

るが，極端に膨らんだものや，大きくて平たいものもある．突起が透けているウミウシの色は，背面突起にまで伸びた消化腺の内側の餌の色を反映している．そのため，ウミウシの体色が餌に依存して変化することがある．このことは，幅広い体色を示すウミウシがいることの理由の１つになっている．

その他の呼吸器官

スギノハウミウシ類やタテジマウミウシ類の一部では，分岐型，球形，そして扁平な鰓構造が細長い体の両側から突き出ている．おそらく，こうした付属器の表面を通じての直接的な拡散によってガス交換しているのだろう．

インドネシアに分布するスギノハウミウシ類のミドリハナガサウミウシ属の一種 *Marionia* sp. の樹状の鰓構造

共に太平洋北西部に分布するスギノハウミウシ属の仲間 *Dendronotus albus*（左）とシロホクヨウウミウシ *Tritonia festiva*（右）の鰓構造の違い

インド太平洋に分布するスギノハウミウシ類のムカデメリベ *Melibe viridis* は平たい櫂のような鰓構造を持っている

コヤナギウミウシ *Janolus* 属（左）などタテジマウミウシ類の一部は，ミノウミウシ類の背面突起のような見かけの鰓構造を持っている

タテジマウミウシ類のコヤナギウミウシ *Janolus* 属の触角の間に見られる，畝のある櫛に似た構造物の機能はわかっていない．目立つ大きさと位置から，この隆起は感覚機能を持っていると考える人もいるだろう．この器官の複雑な重層構造はその結論を支持しているように思われる．隆起の目的の解明は手頃な研究課題となるだろう．

インドネシアに分布するコヤナギウミウシ *Janolus* 属の触角の間に見られる畝のある隆起の機能はわからないままである

体の動きと行動

たいていの人にとっては，どうやって動き回るかは「考えるまでもない」ことである．わたしたち人間，あるいは四足動物の仲間は，ここからあそこまでどうやって行こうかと一瞬でも考えを巡らせることはまずない．けれども，脊椎動物のような足のないウミウシがあらゆる基質の上をあれほど効率的に這ったり，機敏によじ登ったりするのはまったく別の話である．ウミウシは基本的に目が見えず，次の動きで自分たちはどこに連れて行かれるのかを知ることもなしに，サンゴ礁のギザギザした構造物や不安定なケルプの樹冠を手探りで進んでいることを思い出してほしい．

グレートバリアリーフに分布するクロスジリュウグウウミウシ属の仲間 *Nembrotha rosannulata* のような大型のウミウシは，おもに筋肉を波打たせて腹足の裏側を上下させることで匍匐している

匍匐

ウミウシは体の下部にある柔らかく平らな「足」を使って匍匐する．足は，ほとんどの時間基質に接している，周囲を取り囲む分厚い外側の帯と，足裏と呼ばれる内側の細長い組織の２つの筋肉帯で構成されている．足裏は，筋肉収縮の波が前方から後方へと

細かい堆積粒子を撒いた透明なプラスティック板の上をイロウミウシの一種が這った後には，目に見えなかったネバネバの這い跡が現れた

伝わって，体を前方に進ませるときにだけ基質と接触する．一部の科に属するウミウシではこの筋肉の波が内側の筋肉帯全体に伝わるが，別の科のウミウシでは筋肉帯が2つに分かれていて，左側と右側で波が交互に伝わる．

匍匐は，足裏にある特化した細胞から分泌される透明でネバネバした粘液層と，波打つことでウミウシが這い跡の粘液の上を滑っていきやすくしている，繊毛と呼ばれる何千もの短く繊細な毛状の付属器官とに助けられている．イロウミウシ類などの大型のウミウシはもっぱら足裏の筋肉の波だけを使って匍匐している．柔らかな砂の上にすむウミウシなどには幅広の足裏があって，おもに繊毛を波打たせることで前方へと滑っていく．たいていのウミウシは，程度の差はあってもこの両方のやり方を使って匍匐しているが，大半の種では筋肉の波の利用の方がはるかに重要になっている．

アメフラシの仲間のビワガタナメクジ *Dolabrifera dolabrifera* は，シャクトリムシに似たやり方で匍匐している．足裏の前部を基質に確保してから，体の後部を前へと引っ張る．オオシイノミガイ類の多くや，頭楯類の多くのウミウシでは，足が極度に退化しているか完全になくなっている．これらのウミウシは，足が元あった場所には外套膜の後部から二次的な足を発達させている．ニシキツバメガイ *Chelidonura* 属やカノコキセ

頭楯類のニシキツバメガイ属やカノコキセワタガイ属のウミウシは繊毛を使って匍匐する

背中側にひっくり返ると，外側を取り囲む筋肉帯が内側に収縮するが，足裏は平らなままになっている

ワタ *Philinopsis* 属では，元あった場所に二次的な足だけを残して，本来の足は無くなっている．こうしたウミウシは，頭の近くにある特大の分泌腺で作られる粘液層の上を動くには何千もの繊毛に頼ることになる．

ときどきウミウシが，カエルアンコウやカサゴなどの底魚の上を這っていることがある．おそらくこうした待ち伏せ型の捕食魚は，餌になりそうな魚に自分の存在を気づか

いずれもインドネシアに分布する，アカフチリュウグウウミウシ *Nembrotha kubaryana*（左上），セグロリュウグウウミウシ *Nembrotha chamberlaini*（右），オダカホシゾラウミウシ *Hypselodoris roo*（左下）の３種が待ち伏せ型捕食者の忍耐度を試している

インドネシアに分布するセグロリュウグウウミウシ *Nembrotha chamberlaini* がカエルアンコウの顔からぶら下がっている

ヒドロ虫によじ登るセグロリュウグウウミウシ *Nembrotha chamberlaini*. 外側の筋肉帯で軸を掴んでいることに注目

嚢舌類のフリソデミドリガイ属の一種 *Lobiger* sp. は摂餌中に足場を確保するためにたいへん粘り気の強い粘液を分泌する

ヨツスジミノウミウシ科の仲間 *Hermosita sangria* は体を前方に伸ばして安定させるために，腹足後部のごく一部だけを使っている

オトメウミウシ属の仲間 *Dermatobranchus leoni* は，新たな基質へと渡るとき海藻をしっかり掴んでいる

海中に浮かんでいるかのようなセスジミノウミウシ *Coryphellina rubrolineata*（インド太平洋に分布）は，その驚くべき把握力をはっきりと見せている

れるよりは，顔の上にネバネバした這い跡がつくことを我慢しているのだろう．

どの瞬間を取っても足のごく一部しか基質と接していないことを考えると，ウミウシが示す動きの強さとすばやさは驚くべきである．足の外側の筋肉帯は，不規則な基質表面を掴んだりよじ登ったりすることをおもに担っている．ウミウシが均衡を保ちながら体を前方へと伸ばして，よりしっかりした足場を確保しようとするときには，外側の筋肉帯の力強い収縮によって基質をがっちりと掴んでいられる．ヒドロ虫の枝分かれした細い軸とか，ゆらゆらする海藻の葉といった不安定な基質や，流れの速い場所にすんでいるウミウシの多くは，動きを安定させるためにとりわけ粘りの強い粘液を分泌している．

ウミウシは海中のほぼあらゆる環境に適応している．最近，ある水中写真家仲間は，ミスジアオイロウミウシ属の一種 *Chromodoris* sp. が，（刺激物からの防御反応として）サンゴが分泌した粘液の細い糸をすばやく這い渡っている写真を披露してくれた．このウミウシは，サンゴのある場所から他の場所へと張られた粘液の渡り綱を，完璧なバランスで先へと進んでいるかに見える．

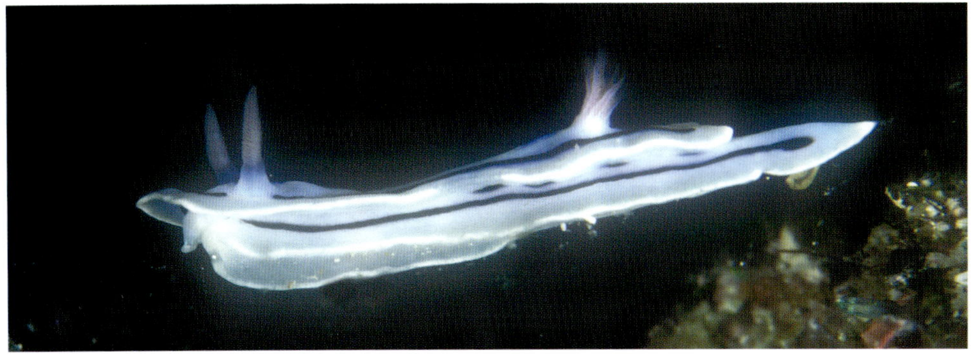

重力を無視しているかのようなミスジアオイロウミウシ属の一種 *Chromodoris* sp.（熱帯西太平洋に分布）は，刺激物からの防御のためにサンゴが分泌した粘液の細い糸をすばやく這い渡っている

追尾

何種ものウミウシは，追尾，行列，あるいは数珠繋ぎなどとして知られる風変わりな行動に加わる．この行動は，おそらく口触手にある感覚細胞か，頭楯類の場合は口の両側にある感覚毛を使って，あるウミウシが他のウミウシの這い跡の粘液を辿ることで始まる．後ろのウミウシが前に追いつくと，接触しながら後をついていく．最初は，マダライロウミウシ *Risbecia* 属だけが追尾をおこなうと考えられていた．しかし，そののち多くのウミウシがこの行動をおこなうことが観察されるようになった．たとえば，裸鰓類のミスジアオイロウミウシ *Chromodoris* 属，アオウミウシ *Hypselodoris* 属，シロタエイロウミウシ *Glossodoris* 属，ニシキウミウシ *Ceratosoma* 属，クモガタウミウシ *Platydoris* 属，オトメウミウシ *Dermatobranchus* 属，エムラミノウミウシ *Hermissenda* 属，嚢舌類のアオモウミウシ *Stiliger* 属，頭楯類のニシキツバメガイ *Chelidonura* 属で報告されている．

追尾するマダライロウミウシ *Risbecia tryoni* [訳註 12]（インド太平洋に分布）は先を行く個体の尾をしっかり掴んでいる

訳註 12・*Risbecia* 属　Johnson & Gosliner 2012 では *Hypselodoris* 属とされたが，行動的には同属とは思えないので，これまでのままマダライロウミウシ属とした．

追尾はふつう2個体間で起こるが，3個体あるいは4個体が加わることも観察されている．追尾は配偶行動の前段階として観察されることが多いので，単に潜在的な配偶相手の後をつけているだけだと最初は考えられていた．けれども，異種間での追尾も観察されるので，この見方には疑問符がつくようになっている．

最近報告された，アオフチオトメウミウシ *Dermatobranchus caeruleomaculatus*（インド太平洋に分布）の追尾行動

インド太平洋に分布するマダライロウミウシ *Risbecia tryoni*（右）とマダライロウミウシ属の仲間 *Risbecia pulchella*（左）のように異種間の追尾行動も報告されている

3個体のゲンノウツバメガイ *Chelidonura varians*（熱帯太平洋に分布）による追尾行動

遊泳

ウミウシはいくつものグループで泳ぎを発達させている．泳ぐ能力は全ての目で広く知られている．たいていの泳ぐウミウシは，いつもの移動手段としてではなく，捕食者を避けるために泳いでいる．アメフラシの仲間の数種や頭楯類のウミコチョウの仲間（学名は「翼の生えた胃」の意味）は，大きな翼のように体側が張り出した，側足と呼ばれる器官を波打たせることで，かなりの距離を活発に泳ぐ．

側鰓類の多くの種はときどき海底から浮き上がることがあるが，体が重くて丸っこいのでそこそこの距離は泳げない．その例外はハイランド・ダンサーと呼ばれる大型のゼニガタフシエラガイ属の仲間 *Pleurobranchus membranaceus* で，いつもは海底にしがみついて暮らしているが，上下逆さ向きになって驚くほどうまく泳ぐ．このウミウシは，足の一方の側と他方を交互に波打たせてうねるような動きで進んでいく．多くのウミウシが泳ぐために使っている外套膜は，邪魔にならないようにだらりと下に垂れ下がっている．大多数のウミウシが捕食者を避けるためだけに海中へと飛び出すのとは異なり，ハイランド・ダンサーは湾の浅瀬へと集団で移動して配偶するために泳いでいく．マダラウミフクロウ *Euselenops luniceps* は，その平たい体をリズミカルに波打たせて効率よ

北東太平洋に分布する頭楯類のヤマトウミコチョウ属の仲間 *Gastropteron pacificum* は翼のような側足を用いて泳ぐ

カリブ海に分布するアメフラシ属の仲間 *Aplysia morio* は海底から５メートル上を泳ぐ

ゼニガタフシエラガイ属の仲間「ハイランド・ダンサー」*Pleurobranchus membranaceus* は上下逆さ向きになって泳ぐ

ムカデメリベ *Melibe viridis* は体を力強く側方に曲げることによって泳ぐ

スギノハウミウシ属の仲間 *Dendronotus iris* は体を左右に曲げて優美に泳ぐ

オーストラリアのヘロン島に分布するショウワアメフラシ *Aplysia extraordinaria* は側足をはためかせて見事に泳ぐ

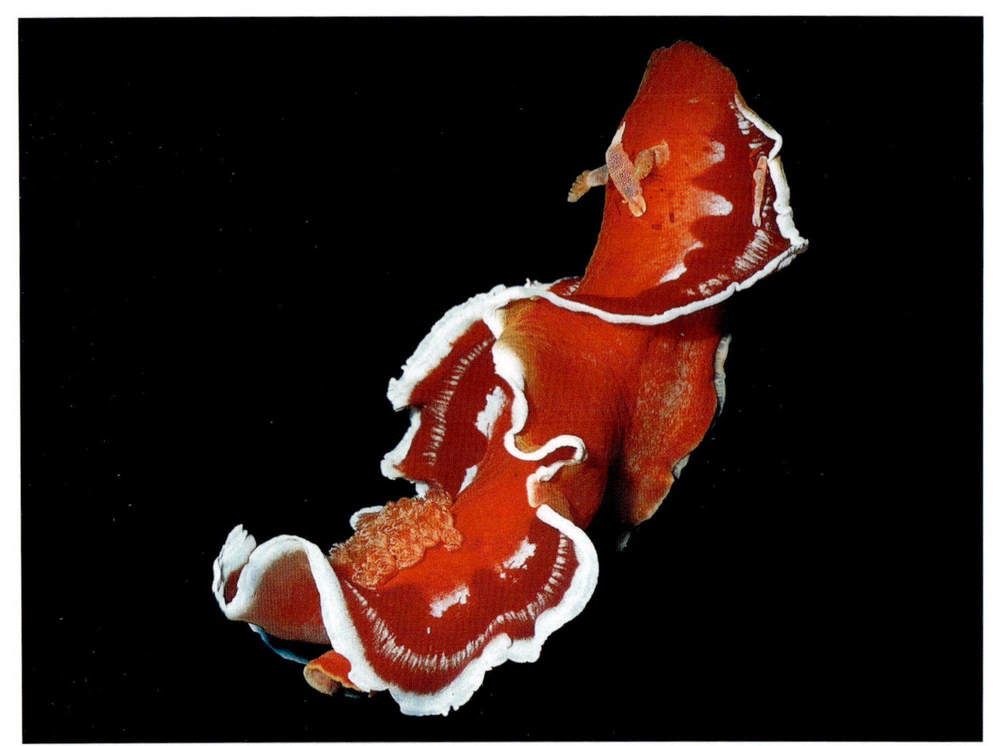

インド太平洋に分布するミカドウミウシ *Hexabranchus sanguineus* は素晴らしい泳ぎ手である

く泳ぐことができる．多くの嚢舌類は泳がないが，キマダラウロコウミウシ *Cyerce* 属は体を活発にくねらせて海中を進んでいくことができる．

ウミウシには熟達の泳ぎ手も多い．最もよく知られた例はスパニッシュ・ダンサーと呼ばれるミカドウミウシ *Hexabranchus sanguineus* である．この大型のウミウシは，上下，左右への体の屈曲を利用して，外套膜の両側に沿って筋肉の波を作ることで，翼が羽ば

ガブリエラウミウシ *Tambja gabrielae* は長い尾を使って海底から離れる

クメジマヒカリウミウシ *Plocamopherus margaretae* は平たい尾を使って泳ぐ

たくような動作を生み出している．ミカドウミウシの赤と白の派手な体色と，リズミカルで流れるような体の動きは，まさに鮮やかに着飾ったスペインの踊り子を思わせる．

キヌハダウミウシ *Gymnodoris* 属やヒカリウミウシ *Plocamopherus* 属の一部の種は鉛直方向に平たい尾を持っていて，その尾で海中を進んでいく．ニシキリュウグウウミウシ *Tambja* 属の仲間は体を左右にぎこちなく折り曲げて元気に泳ぎだす前に，長い尾を使って海底から離れる．効率的ではないものの，短い距離ならこの動きによってすばやく移動できる．スギノハウミウシの仲間のメリベウミウシ *Melibe* 属や多くのミノウミウシ類は，これと似たような体の動かし方をして，驚くほど長い距離を泳ぐことができる．北東太平洋に分布するスギノハウミウシ属の仲間 *Dendronotus iris* は体の左右への流れるような動きで，巧みにしかも優雅に泳ぐ．

浮遊／漂流

海中を漂っているところを観察されたウミウシは数多い．その中で，真の外洋漂流者であるアオミノウミウシ *Glaucus atlanticus* は一生を通じて外洋の海表で過ごし，カツオノエボシなどのクダクラゲ類を食べている．アオミノウミウシは，胃の中の気泡で浮力を調節している．通常は底生生活を送っているイロウミウシ科のハナデンシャ *Kalinga ornata* は，理由はわからないが，おそらく海水で体を膨らませて海底を離れて漂っていることがある．インド西太平洋域では，ハナデンシャが浜に打ち上げられて見つかることがよくある．

アオミノウミウシ *Glaucus atlanticus* は環熱帯域の外洋に分布し，海水面に逆さ向きで漂っている

多数のヒメミドリアメフラシ *Stylocheilus longicauda* が海中を漂っていたという観察例がいくつかある．これは単なる分散方法の１つなのかもしれないが，集団的な繁殖活動を済ませて死にかけで流されているのだろうと推測している人たちもいる．

穴掘り

穴掘りは厳密に言えば移動手段ではないが，一部のウミウシにとっては確かに重要な能力である．奇妙な浮遊行動について先に述べたハナデンシャ *Kalinga ornata* は，砂中に潜る生活様式のために，海底にいることが長らく気づかれないままでいた．多くのウミウシは餌を求めて柔らかな海底に潜るが，ただ捕食者から隠れるためや，流れが速いときに柔らかい堆積物中に体を固定するために潜るウミウシもいる．側鰓類のマダラウミフクロウ *Euselenops luniceps* や傘殻類のヒトエガイ *Umbraculum umbraculum* は，触角だけを外に出して，柔らかな海底の表面下に潜って生涯の大半を過ごす．多くのタテジマウミウシ類やカスミミノウミウシ *Cerberilla* 属も，柔らかな海底の表面下で餌を食んでいる．

最近，タツナミガイ *Dolabella* 属やアメフラシ *Aplysia* 属の数種が触角の先と外套腔の水管部だけを外に出して海底に埋もれているところをダイバーが観察した．これらのアメフラシは，海底から外に出した部分を海水の状態の情報収集や呼吸のために使いながら，潮の移り目や流れの速い時間に体を保持しようとして埋もれているのだろう．

インド太平洋に分布するミスガイ *Hydatina physis* などのオオシイノミガイ類は餌を探して穴を掘る

インドネシアに分布するマダラウミフクロウ *Euselenops luniceps* は堆積物中に潜り込む

堆積物中から現れた，傘殻類のヒトエガイ *Umbraculum umbraculum*

体の動き

野外でウミウシを研究していると，気になる体の動きを目にすることがよくあるのだが，なぜそんな動きをするのかはたいていわからない．エネルギーを使うありふれた活動のそれぞれには現実的な目的があるのだろうが，私たちはそれを察することができないという現状は，魅力の尽きることのないこの動物の自然史について学ぶべきことがまだまだあることをはっきりと示している．

熱帯西太平洋に分布するシラナミイロウミウシ *Goniobranchus coi* が外套膜をはためかせている

モルジブに分布するミスジアオイロウミウシ属の仲間 *Chromodoris tritos*（左）と紅海に分布する *Chromodoris charlottae*（右）が外套膜をはためかせている

外套膜のはためき

ウミウシは外套膜をリズミカルに上下させることがときどきある．最初は，みな似たような目玉模様を持つイロウミウシ科の５種だけが，「外套膜のはためき」として知られるこの行動をおこなうと思われていた．そのため，初期の研究者たちはこの行動と斑紋に何か関係があるのだろうと推測していた．しかし，まったく異なる斑紋を持つ種も外套膜をはためかせることが最近になって観察されたため，最初の５種の類似はおそらく単なる偶然の一致だったようだ．

タイに分布するユウグレイロウミウシ *Goniobranchus hintuanensis* が外套膜の裏側の濃い紫色を見せている

アデヤカイロウミウシ *Goniobranchus* 属の他の数種は触角より前の部分の外套膜だけを上げ下げする．面白いことに，キカモヨウウミウシ *Goniobranchus geometricus*，ユウグレイロウミウシ *Goniobranchus hintuanensis*，ミスジアオイロウミウシ属の仲間 *Chromodoris gleniei* など，この行動をおこなう種はいずれも外套膜裏側の濃い紫色を見せる．おそらく，これも偶然の一致だろうが，もしかしたら意味があるのかもしれない．

鰓の振動

シロタエイロウミウシ *Glossodoris* 属，シノビイロウミウシ *Thorunna* 属，シラユキウミウシ *Verconia* 属の一部の種は這っているときに鰓を震わせる．おそらくこの行動は，鰓を通過する海水量を増やすことによって酸素吸収率を上げているのだろう．

フィリピンやインドネシアに分布するタヌキイロウミウシ *Glossodoris hikuerensis* はときどき鰓をリズミカルに震わせることがある

外套膜の屈曲

北アメリカの太平洋岸に分布するカンザシウミウシ属の仲間 *Limacia cockerelli* など数種のウミウシは背中の突起を曲げて震わせる．おそらく，長い突起は補助的な呼吸器官として機能し，その動きが酸素吸収率を上げているのだろう．

北アメリカの太平洋岸に分布するカンザシウミウシ属の仲間 *Limacia cockerelli* は背面突起を震わせる

インド西太平洋に分布するセグロリュウグウウミウシ *Nembrotha chamberlaini* が立ち上がり姿勢をとっている

立ち上がり

骨片を持つカイメンや刺胞を持つサンゴなどの刺激的な基質からウミウシが立ち上がるところを見ることがよくある．この行動は明らかに拒絶ないし逃避の一種だろう．リュウグウウミウシの仲間の多くが今にも襲いかかろうとするコブラのように弓なりに体を反らせて立ち上がっているのを見かけることもよくある．獲物に飛びかかるには効果的な姿勢のように見えるので，これは攻撃姿勢だと考えている人たちもいる．この推測で問題なのは，このように反り返っているのを観察されている大半の種がカイメンやホヤやコケムシといった，明らかに捕捉する必要のない，動かない動物を食べていることである．おそらく，こうしたウミウシは餌や配偶相手の場所をつきとめやすい姿勢をとっているだけなのだろう．

インド西太平洋に分布するトサカリュウグウウミウシ *Nembrotha cristata* が立ち上がり姿勢をとっている

熱帯東太平洋に分布するダイダイウミウシ属の仲間 *Doriopsilla janaina* など多くのウミウシは，餌資源が豊富にあると集まってくる．この写真のいくつものリボン状の卵塊が示すように，その後繁殖することがよくある

大量出現

数十あるいは数百ものウミウシがごく接近して見つかることがときどきある．このように密集した集団は，繁殖のための集合だと伝統的に考えられてきた．その印象が正しかったと証明されるかもしれないが，むしろこの集会はグループ・セックスの集いではなく，その地域の餌の豊富さがもたらしたものだと思われる．ウミウシは特定の餌を食べ，重要な餌資源がたくさんある環境で暮らしている．ウミウシのプランクトン幼生は化学的な刺激を手掛かりにして，動物であれ植物であれ，好みの餌の近くかその真上に着底して変態する．餌が豊富にあると，海水に運ばれてきた移住者は急速に成長する．この現象のよく知られた例がフジツボ食のコガモウミウシ *Onchidoris bilamellata* で，イギリスやカリフォルニアの海岸に定期的に大量に現れる．このウミウシの大量出現についてのどの研究でも，フジツボ幼生が直近に大量に着底した証拠が得られている．大量のウミウシがその地域のフジツボ個体群を食い尽くした後には大量産卵が起こり，さらには間もなく大量死が続くことは述べておく価値があるだろう．

摂餌

ウミウシの個々の種は高度に特化した餌を食べていて，典型的には単一の餌資源に依存しているが，グループ全体としては広い範囲の餌を利用している．好みの餌は，海藻からいろいろな動物にまで及び，共食いする種や他のウミウシの卵を食べる種もいる．興味深いことに，多くのサンゴと同じく，体組織内に住み込んでいる光合成藻類との共生によって利益を得ているウミウシもたくさんいる．

研究者は，ウミウシの餌について理解し，記録し始めたばかりである．ウミウシは好みの餌資源の近くに暮らしていると思われていることが多く，それは概ね正しい．けれども，近くにいたことだけでは，あるウミウシが何を食べているかの決定的な証拠にはならない．その立証には，ある餌が実際に口にされ，摂取されていることの観察や消化管内容物の検証が必要である．この章では，餌を獲得し，消化に備えるために進化してきたさまざまな機械的構造について検討し，次に現在知られているウミウシの餌資源とその食性を，藻食種から始めて，バクテリア食から魚食にまで及ぶ動物食種を続けて紹介していく．

インド太平洋に広く分布するマダライロウミウシ *Risbecia tryoni* は黒色の被覆性カイメンを食べている

ミヤコウミウシ *Dendrodoris denisoni* やツノキイボウミウシ *Phyllidia elegans* などのインド太平洋に分布するカイメン食のウミウシは口器に硬い部分を欠く

カリフォルニアに分布するダイダイウミウシ属の仲間 *Doriopsilla albopunctata* は餌とするカイメンの上に消化酵素を分泌して，液状になったところを啜っている．紫色のカイメン上の青みがかった窪みは以前に摂餌していた場所を示している

ウミウシはどうやって摂餌しているのか―歯舌，顎板，胃歯など

ウミウシの摂餌装置はきわめて多様である．顎や歯などの硬い口器を持つ種と，柔らかい口器を持つ種との間に最も大きな違いが見られる．柔らかな口器から，噛みついたり噛み砕いたりするためによく発達した口器に至る形態の幅は，それぞれの種の進化的な発展度を示すものではない．原始的な種は柔らかく洗練されていない口器を持ち，進化した種はより硬くより進んだ摂餌機構を発達させていると思われるかもしれない．しかし，両方のタイプともウミウシの系統樹のそこかしこにランダムに散らばっている．

硬い口器を持たないウミウシはドーリス科に最も多く見られる．クロシタナシウミウシ *Dendrodoris* 属，ダイダイウミウシ *Doriopsilla* 属，タテヒダイボウミウシ *Phyllidia* 属，アミメイボウミウシ *Phyllidiopsis* 属，コイボウミウシ *Phyllidiella* 属，ユキヤマイボウミウシ *Reticulidia* 属，ミカドウミウシ *Hexabranchus* 属の各種は，餌にしているカイメンの表面に消化酵素を分泌して，シチューのようにしたところを啜っている．

ミカドウミウシ *Hexabranchus sanguineus* は餌を探知するために１対の口触手を持っている

スギノハウミウシ類のムカデメリベ *Melibe viridis* は餌を捕まえるために大きなフードを海底に広げる

スギノハウミウシ類のメリベウミウシ *Melibe* 属は，甲殻類やごく小さな魚を包み込もうとしてフードのように大きな頭部を広げる．フードをたたむと餌は柔らかい口器へと引き込まれ，丸ごと飲み込まれてしまう．

これら以外の全てのウミウシは，なんらかの硬い摂餌装置を利用している．たいていの種は，胃歯（gizzard plate），顎板（jaw），歯舌（radula）の３種の硬い構造のどれかを消化管の中に持っている．オオシイノミガイ類のミスガイ *Hydatina* 属，頭楯類のナツメガイ *Bulla* 属，キセワタガイ *Philine* 属，ブドウガイ *Haminoea* 属，タテジワミドリガイ *Smaragdinella* 属，チョウチョウミドリガイ *Phanerophthalmus* 属，タマゴガイ *Atys* 属などの比較的原始的なグループはふつう胃歯を持っている．キチン質の胃歯の形は偏菱形からピラミッド型まで属ごとに異なっている．胃歯は口から消化管の奥深くまでどこにあるかさまざまである．フック状に曲がったキチン質で大きな食物片をその場にとどめておく一方，胃歯を動かすことで食物を消化しやすい大きさと硬さにすりつぶしている．

頭楯類のニシキツバメガイ *Chelidonura* 属，トウヨウキセワタ *Aglaja* 属や多くのカノコキセワタ *Philinopsis* 属は消化管の内側にだけ硬い構造物を持っている．摂餌中，柔らかく突き出る大きな口器をサクションガン（吸引器）のようにはたらかせて，餌を啜り飲んでいる．

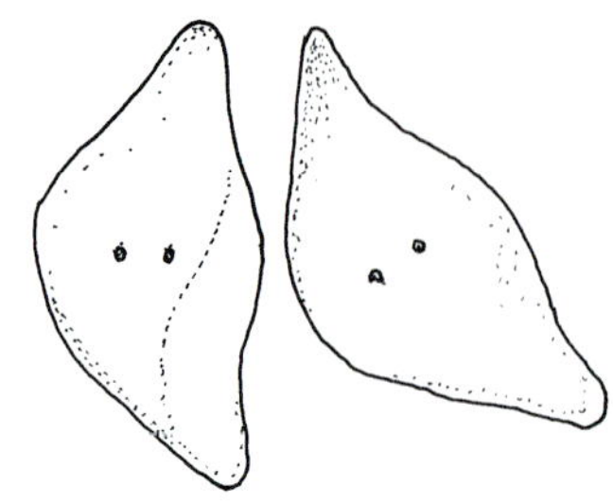

キセワタガイ *Philine* 属の胃歯（gizzard plate）

カリブ海に分布する頭楯類のタマゴガイ属の仲間 *Atys caribaeus* は強力な胃歯を持つ

アメフラシ類は胃歯と，口の中で何列もの微小な歯が後ろ向きに並んだ舌状の口器である歯舌の両方を備えている．歯舌は海藻片をガリガリと削り，ベルトコンベアのように餌を消化管へと運んでいく．大きなピラミッド型の胃歯が食道の中央部を裏打ちしていて，海藻をスープくらいの硬さにまですりつぶす．きれいに並んだ何列ものフックによって，大きな食物片が消化管のさらに奥へと流れ込まないようになっている．

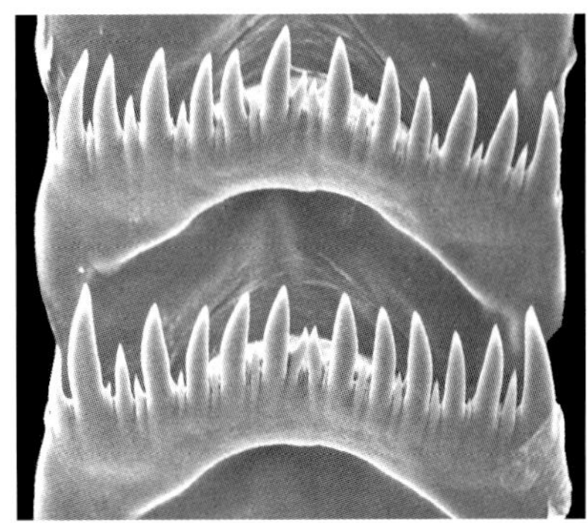

ミノウミウシ類の中歯（左），ドーリス類の側歯と縁歯（右）を走査電子顕微鏡写真によって詳しく示す．縁歯（右端）はその形がより長く，より細く，まっすぐなことで厚みのある鉤型の側歯（中央と左）と区別される．（走査電子顕微鏡写真は A. Valdes と A. Miller による）

歯舌の歯は常に側方に列をなして並んでいて，さまざまな形をしている．それぞれの列には，典型的には2つまたは3つのタイプの歯，すなわち，中央に位置する1本の中歯（rachidian tooth）（どの種にもあるわけではない），その両側の多数の側歯（lateral teeth），外側の縁に沿った縁歯（marginal teeth）が見られる．

歯舌の特徴はそれぞれの種に固有である．したがって，その構造の分析は種を分類し，同定する上でたいへん役に立つことが明らかになっている．分類学者がさまざまな種の歯舌を比較して議論するときには，「歯舌式」として知られる2つの要素からなる記述子が用いられる．歯舌式は，歯舌列の数と各列の歯の構成を示している．典型的な歯舌式は，50–56×2.25.1.25.2 のように表される．この架空の歯舌式では，当該の種には 50–56 の歯舌列があり，各列は1本の中歯とその両側にそれぞれ 25 本の側歯，さらに外縁部に2本の縁歯から成っている．それぞれのタイプの歯の形態や並び方も比較される．

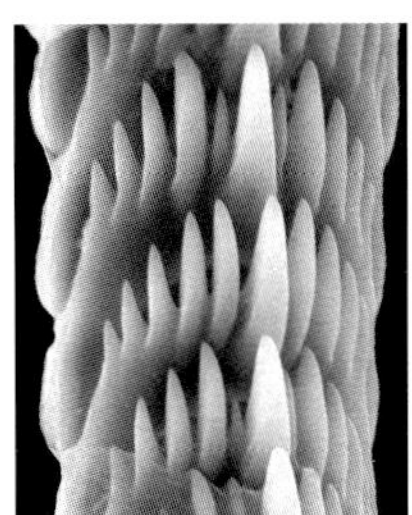

約 30,000 倍に拡大された，いくつかの形の歯舌の写真

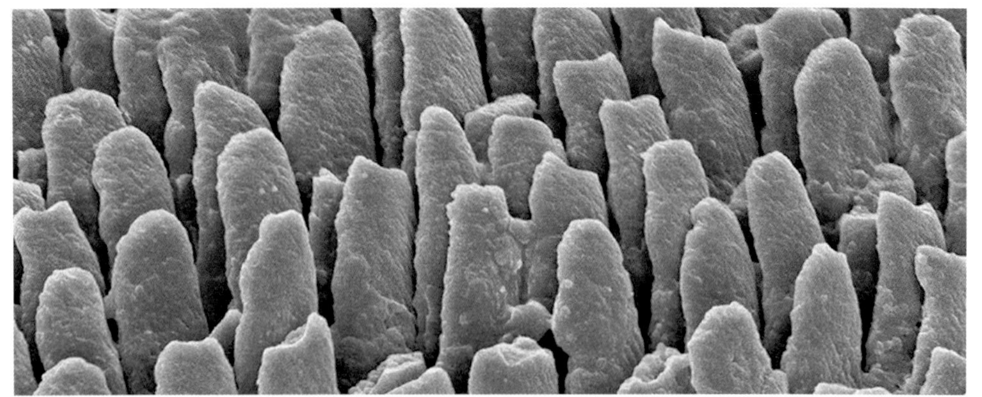

ツルガウミウシ *Paradoris* 属などのドーリス類では，カイメンの硬い組織をしっかり掴んで引き裂きやすくなるように，顎板がスペード型の小突起で芝生のように覆われている．（走査電子顕微鏡写真は A. Valdes による）

ウミウシの顎板には歯そのものはないが，顎板の表面を覆う歯のような突起を持つ種や，顎板に歯のようなギザギザの縁がある種もいる．歯舌を持つ種が必ずしも顎板を持つわけでもなければ，逆に顎板を持つ種が必ずしも歯舌を持つわけでもない．たいていのドーリス類には大きくて幅が広くよく発達した，数百の歯から成る歯舌帯があるが，顎板はない．

嚢舌類や他のいくつかの分類群に属する種は，1本の鎖状になった中歯だけを持つ．嚢舌類の英名 Sacoglossa の saco は「袋」を，glossa は「咽頭」を意味し，捨てられた歯舌の歯を捉えて蓄えておく袋が咽頭にあることを示唆している．なぜ歯が蓄えられるのかはよくわかっていない．

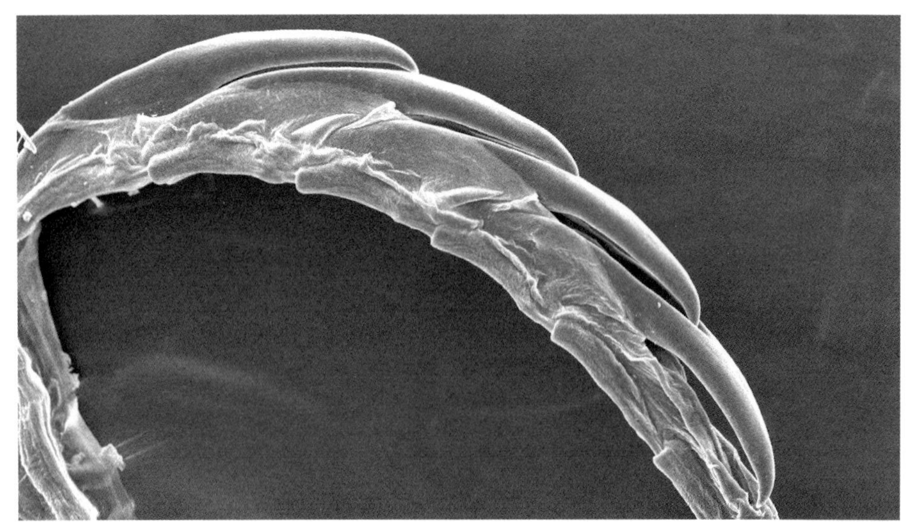

嚢舌類の歯舌は短剣のような形の1本の鎖になっていて，藻類の細胞を突き刺すのに使われている．（走査電子顕微鏡写真は Cynthia Trowbridge による）

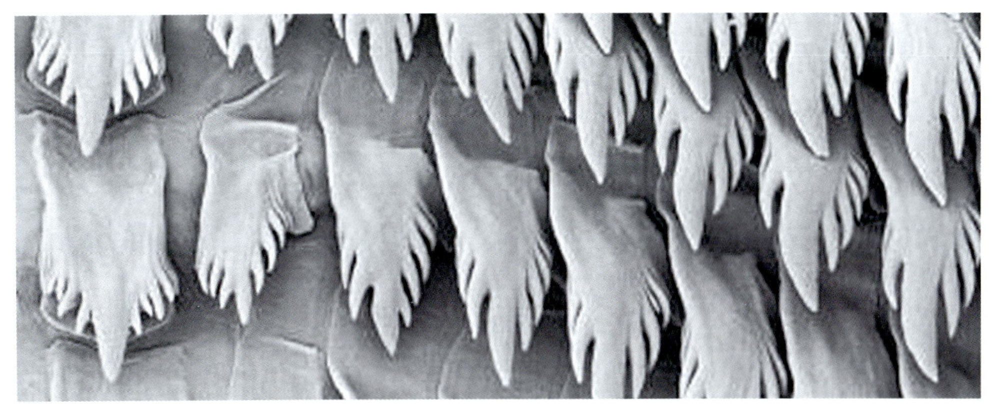

オーストラリアに分布するスギノハウミウシ類のコチョウウミウシ *Crosslandia viridis* の数百本の歯からなる歯舌リボンの断面.（走査電子顕微鏡写真は Geoff Avem による）

ミノウミウシ類には各列に数本の歯しかなく，1本の中歯だけを持つ種もいれば，1本の中歯と1, 2本の側歯を持つ種もいる．側鰓類や，スギノハウミウシ亜目のスギノハウミウシ *Dendronotus* 属，オキウミウシ *Scyllaea* 属，ユメウミウシ *Notobryon* 属，コチョウウミウシ *Crosslandia* 属には数百の歯があり，きわめて幅の広い歯舌帯を持っている．

歯舌が餌の組織を小片に引き裂くのに対して，顎板は餌をとらえて保持するために使われる．顎板が歯舌と同じように働いて，消化しやすいように餌を砕く種もいる．ミノウミウシ類はよく発達したたいへん大きな顎板を持ち，イソギンチャク，サンゴのポリプ，ヒドロ虫などを食べているときに餌がしっかり保持されている．

藻食者

一部の頭楯類，多くの無楯（アメフラシ）類，そしてほとんどの嚢舌類はもっぱら藻類を食べている．頭楯類のナツメガイ *Bulla* 属やブドウガイ *Haminoea* 属は砂泥底に生えている糸状藻類を食べる．トゲアメフラシ *Bursatella* 属，クロスジアメフラシ *Stylocheilus*

カリフォルニアに分布する頭楯類のナツメガイ属の仲間 *Bulla gouldiana* が海底で糸状藻類を食べている

熱帯域に広く分布するクロヘリアメフラシ *Aplysia parvula* が海藻を食べている

属，アメフラシ *Aplysia* 属，タツナミガイ *Dolabella* 属，スカシウミナメクジ *Phyllaplysia* 属など藻食のアメフラシ類の餌は種ごとに異なっている．ジャノメアメフラシ *Aplysia argus* は一生を通じて紅藻のマギレソゾ *Laurencua obtusa* だけを食べるが，他のアメフラシ類は最初はイトグサ *Polysiphonia* 属やイギス *Ceramium* 属といった柔らかい紅藻を食べて，成長するともっと硬いヒバマタ *Fucus* 属などの褐藻やアオサ *Ulva* 属などの緑藻を食べるようになる．ほとんどのアメフラシ類は底生の海藻を食べているが，浮遊生活を送るヒメミドリアメフラシ *Stylocheilus longicauda* は海中を漂う海藻を餌にしている．頭楯類のブドウガイ *Haminoea* 属は口が小さいので，珪藻として知られる単細胞の植物をおもに食べている．

頭楯類のブドウガイ *Haminoea japonica* が泥底で珪藻を食べている（左）．スカシウミナメクジ属の仲間 *Phyllaplysia taylori* がアマモの葉上で着生藻を食べている（右）

メキシコの太平洋岸に分布するアマクサアメフラシ *Aplysia juliana* が緑藻を食べている

バクテリア食者

突起のあるアメフラシのクロスジアメフラシ *Stylocheilus striatus* やフレリトゲアメフラシ *Bursatella leachii* は光合成細菌のシアノバクテリアを食べている．シアノバクテリアはその見かけが真核生物の緑藻に似ているため，古い文献では「藍藻」として分類され

熱帯域に広く分布するフレリトゲアメフラシ *Bursatella leachii* が海底でマット状のシアノバクテリアを食べている

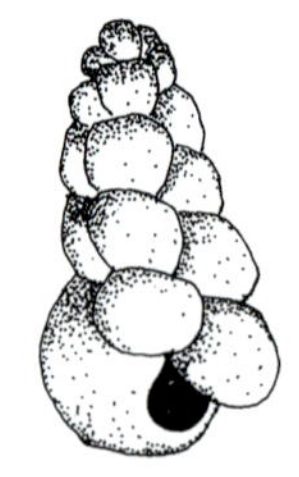
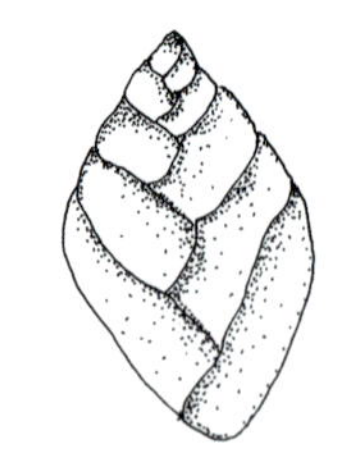

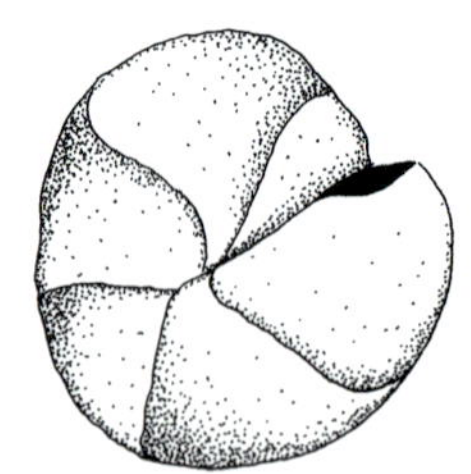
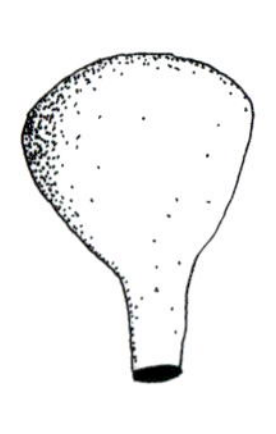

代表的な有孔虫

ていた．シアノバクテリアには単細胞種もあれば，糸状，シート状，マット状になる多細胞種もある．この2種のアメフラシは，以前はユレモ目の仲間 *Microcoleus lyngbyaceus* として知られていた，マット状になるサヤユレモ属の仲間 *Lyngbya majuscule* を食べている．これまで報告されてはいないが，他のアメフラシもシアノバクテリアを食べている可能性はおおいにある．

有孔虫食者

有孔虫は単細胞の動物で，小室に分かれた殻を持ち，見かけは珪藻に似ている．有孔虫は世界中の海に信じられないほどたくさん存在し，大きさは100ミクロンから数センチに達する．死んだ有孔虫の殻は海底の堆積物中に蓄積され，劣化することはない．ところによっては，堆積物1立方センチあたり数万もの小さな殻が見つかることがある．

有孔虫は大量に存在するため，海底で摂餌する多くのウミウシ，特に頭楯類のオオコメツブガイ *Acteocina* 属，カイコガイダマシ *Cylichna* 属，キセワタガイ *Philine* 属，ヘコミツララガイ *Retusa* 属，スイフガイ *Scaphander* 属，アワツブガイ *Diaphana* 属にとっては素晴らしい餌資源となっている．

太平洋岸北西部に分布するオオコメツブガイ属の仲間 *Acteocina inculta*（左）と頭楯類のアワツブガイ属の仲間 *Diaphana californica*（右）は有孔虫を食べる

太陽光を利用するウミウシ

「太陽光利用」とされる多くのウミウシは，栄養の全てではないにしても，一部を体内に蓄えられた光合成藻の副産物から得ている．太陽光利用のウミウシは，藻食種が藻類から得た色素体（細胞内小器官）を利用する場合と，動物食種が褐虫藻（ゾーザンテラ）と呼ばれる単細胞藻を宿した餌動物を食べる場合の2つのカテゴリーに分けられる．

ゴクラクミドリガイ *Elysia* 属，オオアリモウミウシ *Costasiella* 属，ナギサノツユ *Oxynoe* 属，ツマグロモウミウシ *Placida* 属などの嚢舌類は藻類の細胞に歯舌の歯で穴を開けて，液体成分を吸い出している．摂取されたものの大半は消化されてしまうが，食物の合成に使われる葉緑体などの色素体は，側足や二次鰓を含めて全身に張り巡らされた導管の

メキシコの太平洋岸に分布し，太陽光を利用する嚢舌類のゴクラクミドリガイ属の仲間 *Elysia diomedea* は組織内に生きた葉緑体を蓄えている．この植物資材は，光合成によって安定した栄養源を提供している

インド太平洋に分布し，太陽光を利用するアデヤカミドリガイ属の仲間 *Thuridilla lineolata* は組織内に生きた葉緑体を蓄えている

汎世界種のオオアリモウミウシ属の一種 *Costasiella* sp. はさまざまな藻類を食べている

ネットワーク内に生きたまま蓄えられる．こうした色素体の貯蔵庫は，太陽光を浴びると栄養生産農場として機能し，宿主のために糖を生産する．蓄えられた色素体に届く太陽光の量を調節するために，チドリミドリガイ *Plakobranchus ocellatus* は側足を開いたりぴったり閉じたりできる．

多くのサンゴ礁動物は褐虫藻（ゾーザンテラ）と呼ばれる単細胞藻と共生している．宿主は蓄えている藻の代謝産物（おもに糖）を，第１ないし第２の餌資源として利用している．この関係については，「他の動物との関わり」の章で詳しく述べる．クセニアミノ

メキシコの太平洋岸に分布するゴクラクミドリガイ属の一種 *Elysia* sp. の２種（左上，右下），熱帯域に広く分布するフリソデミドリガイ *Lobiger souverbiei*（右上），インド太平洋に分布するタスジミドリガイ *Thuridilla gracilis*（左下）は全て緑藻を介して太陽光を利用している

タマノミドリガイ属の仲間 *Berthelinia chloris* は緑藻を介して太陽光を利用している

ウミウシ *Phyllodesmium* 属，ワグシミノウミウシ *Baeolidia* 属，ムカデミノウミウシ *Pteraeolidia* 属，イロミノウミウシ *Spurilla* 属など，多くの動物食のミノウミウシ類は，餌である造礁性イシサンゴ，ソフトコーラル，ヒドロ虫，イソギンチャク，スナギンチャクから直接的に褐虫藻を得ている．

オオコノハミノウミウシ *Phyllodesmium longicirrum* はウミキノコ *Sarcophyton* 属から褐虫藻を得ている．多くの光合成細胞が生きたまま蓄えられていて，パドル状の背面突起の表面を覆っている．太陽光エネルギーを効率よく受け取るために，入ってくる太陽光に対して垂直に背面突起を立てる．センジュミノウミウシ *Phyllodesmium briarium* には *Solenopodium* 属や *Briarium* 属などのソフトコーラルが褐虫藻を提供している．クセニアウミウシ *Phyllodesmium crypticum* やクセニアミノウミウシ属の仲間 *Phyllodesmium hyalinum* はウミアザミ *Xenia* 属から褐虫藻を得ている．

ミノウミウシ類のワグシミノウミウシ *Baeolidia* 属は餌にしている，細い触手を持つ小型のセイタカイソギンチャク *Aiptasia* 属から褐虫藻を得ている．イロミノウミウシ

餌のウミアザミ *Xenia* 属に近づくクセニアウミウシ *Phyllodesmium crypticum*

インドネシアに分布するオオコノハミノウミウシ *Phyllodesmium longicirrum* がウミキノコ *Sarcophyton* 属を食べている．ソフトコーラルの組織が削り取られたところが白くなっていることに注意

Spurilla 属は数種の *Cricophorus* 属（クビカザリイソギンチャク科）を食べている．

グレートバリアリーフやニューカレドニアに分布するたいへん小型できわめて隠蔽的なハリアットミノウミウシ *Baeolidia harrietae* とランソンミノウミウシ *Baeolidia ransoni* は，群体性のイワスナギンチャク *Patythoa* 属から褐虫藻を得ている．ワグシミノウミウシ *Baeolidia* 属の各種はイワスナギンチャクの異なる部位を食べていることが，この属のそれぞれの種の持つ刺胞がイワスナギンチャク群体の異なる場所で見られることから突き止められている．

スギノハウミウシ亜目に属する甲殻類食者であるマツゲメリベウミウシ *Melibe engeli* やオオウラメリベ *Melibe megaceras*，ムカデメリベ *Melibe viridis* は，褐虫藻の *Symbiodinium microadriaticum* を独特のやり方で得ているようだ．褐虫藻の生涯にわたる供給源はプランクトン生活を送っている幼生期に獲得されていると，研究者たちは推測している．

甲殻類食のムカデメリベ *Melide viridis* は明らかに幼生期に褐虫藻を獲得し，その後の一生を通じて補助食として育てている

太陽光を利用する他のウミウシとは異なり，メリベウミウシ *Melibe* 属は糖のために褐虫藻を育てているのではなく，いつもの餌が不足していたり手に入らなかったりしたときに，蓄えている藻類細胞の一部をときどき消化している．

（英語圏で）ブルー・ドラゴンと呼ばれる，インド太平洋に分布するムカデミノウミウシ *Pteraeolidia* cf. *semperi* が示すきわめて変異に富む体色は，摂取した褐虫藻に依存している．全体的に白っぽく，口触手と触角の先に特徴的な紫色の斑点がある幼体は，小型でフサフサした，褐虫藻を持たないヒドロ虫を食べている．ずっとカラフルな茶色から青緑色の成体は，茎のある花のように見えて褐虫藻を持つ *Ralpharia* 属のヒドロ虫を食べている．クセニアミノウミウシ *Phyllodesmium* 属と同じように，ムカデミノウミウシ属も光を効率的に吸収するために背面突起を太陽に対して垂直に広げられる．

ムカデミノウミウシ *Pteraeolidia* cf. *semperi*（インド太平洋に分布）[訳註 13] において，消化管内に蓄えられた褐虫藻の量によって背面突起の色が異なる例

訳註 13・ムカデミノウミウシの隠蔽種　*Pteraeolidia* cf. *semperi* には複数の隠蔽種が存在することが明らかとなっている．

動物食—カイメン食者

隠鰓ウミウシ類のドーリス科の多くのウミウシはカイメンを食べているが，それぞれの種がどのカイメンを好むかについてはほとんど分かっていない．海産動物の飼育愛好

八放サンゴのポリプの後ろにいるカイメンを食べるために，キャラメルウミウシ *Glossodoris rufomarginata*（インド太平洋に分布）が白い口器を広げている

家がドーリス類を飼育するべきでないのはおもにこの理由による．さらに，好みの種が分かっていても，カイメンを水槽で生かしておくことはきわめて難しい．他の分類群にもカイメンを食べるウミウシがいる．傘殻類のヒトエガイ *Umbraculum* 属は，普通カイメン類のユズダマカイメン *Tethya* 属，シンジョウカイメン *Aaptos* 属，プラキナカイメン *Plakina* 属，*Ancorina* 属のカイメンを食べている．

キイロトラフウミウシ *Notodoris* 属の3種の黄色いウミウシは，全体が赤茶色から小麦色で出水孔が白っぽく縁取られていることで見分けられる，レモンスポンジ属の仲間 *Leucetta primigenia* を食べている．

カイメンを食べているドーリス類のシボリイロウミウシ *Chromodoris strigata*

エマイロウミウシ *Hypselodoris emma*

アカネコモンウミウシ *Goniobranchus collingwoodi*

ミスジアオイロウミウシ属の仲間 *Chromodoris joshi*

クロスジレモンウミウシ *Notodoris minor*

ヒドロ虫食者

エダウミヒドラ *Eudendrium* 属，ウミシバ *Sertularia* 属，ハネウミヒドラ *Pennaria* 属などのヒドロ虫は，多くのミノウミウシ類や，スギノハウミウシ類のマツカサウミウシ *Doto* 属，ユビウミウシ *Bornella* 属の好みの餌になっている．防御のために，ミノウミウシ類はヒドロ虫のポリプから得た刺胞を背面突起の先端にある刺胞嚢に備蓄している．このことについては，「防御」の章で詳しく述べる．

さまざまな基質の上に付着しているきわめて小型のヒドロ虫がいることで，あるウミウシが本当にヒドロ虫を食べているのか，その近くにいる別の生物を食べているのかの判定が難しくなっている．ユメウミウシ *Notobryon wardi* は藻類を食べていると最初は考えられていたが，その後の研究によって，実は藻類の上で育つ微小なヒドロ虫を食べていることが明らかにされた．同様に，カナダ最西部のブリティッシュ・コロンビア州

北太平洋に分布するシャクジョウミノウミウシ属の仲間 *Phidiana hiltoni* は餌としてヒドロ虫を好む（左）．メキシコからアラスカに分布するサキシマミノウミウシ科の仲間 *Orienthella trilineata* がクダウミヒドラ *Tubularia* 属を食べようとして構えている

インド太平洋に分布する小型のウスイマツカサウミウシ *Doto ussi*（左）と，メキシコの太平洋岸に分布する同じマツカサウミウシ属の一種 *Doto* sp.（右）がヒドロ虫を食べている

産のサキシマミノウミウシ科の仲間 *Himatina trophina* はスゴカイイソメ属の仲間 *Diopatra ornata* を食べていると思われていた．しかし，このミノウミウシは実際にはイソメの棲管の外側に付着するヒドロ虫を食べているとわかった．

インド太平洋に分布する２個体のミチヨミノウミウシ *Trinchesia sibogae* がウミシバ属の仲間 *Sertularella quadridens* を食べている

クラゲ食者

ヨツスジミノウミウシ科の仲間 *Dondice parguerensis* はカリブ海に分布するサカサクラゲ属の仲間 *Cassiopea frondosa* の触手を，そしてマングローブにすむ同属の *C. xamachana* の触手もおそらく食べている．このミノウミウシは，餌の触手の間に産卵するときも含めて，着底後はずっとクラゲと共にいると現在では考えられている．褐虫藻を太陽光に当てるために，サカサクラゲは触手を上にして海底で休んでいるが，ミノウミウシは摂取した褐虫藻を光合成には使っていないと思われる．

太平洋北西部では，大きなミズクラゲ属の仲間 *Aurelia labiatam* の未成熟なポリプが，繁殖期に桟橋の杭やサケの囲いに多数付着して，エムラミノウミウシ *Hermissenda crassicornis* に豊富な栄養源を提供している．

浮遊性のアオミノウミウシ *Glaucus atlanticus* は，カツオノエボシ *Physalia physalis*，ギンカクラゲ *Porpita pacifica*，その同属の *P. linneana*，カツオノカンムリ *Velella velella* など数種のクダクラゲ類を食べる．ヒダミノウミウシ *Fiona pinnata* もクダクラゲ類を食べることが知られている．

浮遊性のアオミノウミウシ *Glaucus atlanticus* がカツオノエボシ *Physalia physalis* を食べている

カリブ海に分布するサカサクラゲ属の仲間 *Cassiopea frondosa*

ヨツスジミノウミウシ科の仲間 *Dondice parguerensis* がサカサクラゲ属の仲間 *Cassiopea frondosa* を食べている

カツオノエボシ *Physalia physalis*（左）とその触手を食べているアオミノウミウシ *Glaucus atlanticus*（右）

太平洋北西部では，ミズクラゲ属の仲間 *Aurelia labiatam* のポリプが密集して育っている

エムラミノウミウシ *Hermissenda crassicornis* は季節的に豊富になるミズクラゲ属の仲間 *Aurelia labiatam* のポリプを食べる

ソフトコーラル食者とヤギ食者

太陽光を利用する動物食のウミウシは光合成する褐虫藻を得るためにソフトコーラルを食べるが，利用しないウミウシは動物組織の栄養価のためだけに食べている．そうしたウミウシには，スギノハウミウシ類のミドリハナガサウミウシ *Marionia* 属やホクヨウウミウシ *Tritonia* 属，ミノウミウシ類のクセニアミノウミウシ *Phyllodesmium* 属，タテジマウミウシ類のタテジマウミウシ *Armina* 属やオトメウミウシ *Dermatobranchus* 属が含まれる．

インド太平洋に分布するスギノハウミウシ類のユビノウハナガサウミウシ *Tritoniopsis elegans* は，ウネタケ *Lobophytum* 属やウミキノコ *Sarcophyton* 属を食べている．このウミウシには白から赤橙色までの体色変異が見られる．クセニアミノウミウシ *Phyllodesmium* 属の多数の種はソフトコーラル食者で，キッカミノウミウシ *Phyllodesmium magnum* はウミタケ属やウミキノコ属を食べるが，アカクセニアウミウシ *Phyllodesmium kabiranum* はオレンジ色のチガイウミアザミ *Heteroxenia* 属を食べ，ヤコブセンミノウミウシ *Phyllodesmium jakobsenae* とラドマンミノウミウシ *Phyllodesmium rudmani* はウミアザミ *Xenia* 属を食べる．カリブ海に分布するシロハナガサウミウシ属の仲間 *Tritoniopsis frydis* はホソヤギ科の *Plexaurella* 属を食べる．

タテジマウミウシ類のオトメウミウシ *Dermatobranchus* 属は，ウミヅタ *Clavularia* 属のソフトコーラルの体組織を食べる．カナダ西部のブリティッシュ・コロンビア州に分布するスギノハウミウシ類のシロホクヨウウミウシ *Tritonia festiva* とオオバンハナガサウミウシ *Tochuina gigantea* は，華やかなピンク色のキタトサカ属の仲間 *Gersemia rubiformis* を食べる．

枝分かれがみごとなトゲトサカ *Dendronephthya* 属などのソフトコーラルは，タテジマウミウシ *Armina* 属，オトメウミウシ *Dermatobranchus* 属など多くのタテジマウミウシ類や，スギノハウミウシ類のミドリハナガサウミウシ *Marionia* 属の餌になっている．

カリブ海に分布するシロハナガサウミウシ属の仲間 *Tritoniopsis frydis* がホソヤギ類を食べている

こうしたウミウシは，昼間はたいてい基質に身を隠していて，餌を食べに夜だけ出てくる．ソフトコーラルの１群体上で数個体が同時に餌を食べていることもよくある．

インド太平洋に分布するハナオトメウミウシ *Dermatobranchus ornatus* がウミヅタ類を食べている

北西太平洋に分布するシロホクヨウウミウシ *Tritonia festiva*（左）とオオバンハナガサウミウシ *Tochuina gigantea*（右）はソフトコーラルを食べる

ドバイに分布するタテジマウミウシ属の仲間 *Armina cygnea*（左）とアオフチオトメウミウシ *Dermatobranchus caeruleomaculatus*（右）がソフトコーラルを食べている

オレンジ色のウミイチゴ属の仲間 *Eleutherobia grayi*（左）はインド太平洋に分布するフトウネオトメウミウシ *Dermatobranchus gonatophorus*（右）に食べられる

フトウネオトメウミウシ *Dermatobranchus gonatophorus* は，オレンジ色のウミイチゴ属の仲間 *Eleutherobia grayi* の繊細な白いポリプを食べる．餌よりも大きなウミウシ１個体が，１回の摂餌機会で１群体の全てのポリプを食い尽くすこともある．

ドバイに分布する大量のロドマンオトメウミウシ *Dermatobranchus rodmani* が *Dendronephthya* 属のトゲトサカを襲っている（左）．インドネシアに分布するミドリハナガサウミウシ属の一種 *Marionia* sp. がウミゼリ *Lemnalia* 属のソフトコーラルを食べている（右）

インドネシアに分布するホクヨウウミウシ属の一種 *Tritonia* sp.（左）とラドマンミノウミウシ *Phyllodesmium rudmani*（右）がウミアザミ *Xenia* 属を食べている

ウミエラ食者

数種のホクヨウウミウシ *Tritonia* 属やタテジマウミウシ *Armina* 属は夜間にウミエラを食べている．カリフォルニアでは，タテジマウミウシ属の仲間 *Armina californica* に攻撃されたウミエラ類の *Renilla koellikeri* は生物発光する．

フィリピンに分布するタテジマウミウシ属の一種 *Armina* sp. がウミエラ類を食べている

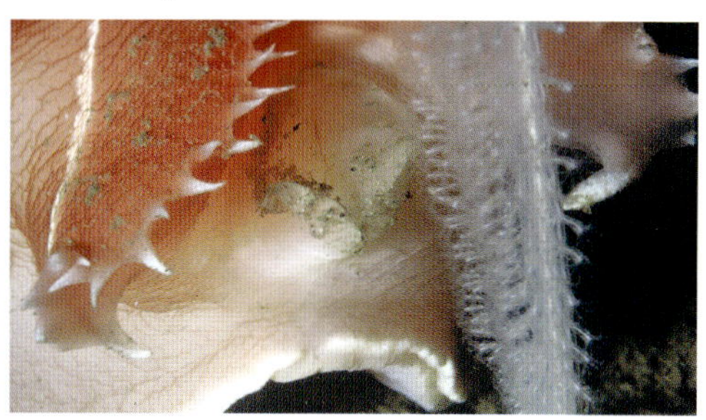

カナダに分布するホクヨウウミウシ *Tritonia tetraquetra* がヤナギウミエラ属の一種 *Virgularia* sp. を食べている

４個体のタテジマウミウシ属の仲間 *Armina californica* がヒロバネウミエラ属の仲間 *Ptilosarcus gurneyi* を襲って食べている

インドネシアに分布するタテジマウミウシ属の一種 *Armina* sp. が大型のウミサボテンの太い軸をかじっている

太平洋北東岸に分布するスギノハウミウシ属の仲間 *Dendronotus iris* がいっぱいに伸びたハナギンチャクに近づき（左），襲いかかろうとして体の前の方を持ち上げている（右）

襲いかかったウミウシが触手を引っ込めようとするハナギンチャクと綱引している

ハナギンチャク食者

ハナギンチャク類は刺胞動物の中で最も美しい．花のようなその触手は海中写真家を魅了するだけでなく，多くのスギノハウミウシ類やタテジマウミウシ類に餌を提供している．

ハナギンチャク類の最も劇的な捕食者の１つが，北アメリカの太平洋岸に分布するスギノハウミウシ属の仲間 *Dendronotus iris* である．このウミウシはヒメハナギンチャク属の仲間 *Pachycerianthus fimbriatus* の傍に位置取ると，体を持ち上げ，一瞬で突進してハナギンチャクの伸びた触手の先に噛みつく．ウミウシが強力な顎板でがっしり掴むと，ハナギンチャクは収縮してウミウシを棲管の中に引きずりこむ．その後の闘いはたいていウミウシが勝利する．

カスミミノウミウシ *Cerberilla* 属の各種は，穴を掘ってすむハナギンチャクを食べている．海底の堆積物から夜間にハナギンチャクが現れると，ウミウシは攻撃距離まで忍び寄って攻撃する．

イソギンチャク食者とスナギンチャク食者

イソギンチャク目とその近縁のスナギンチャク目はいずれも，ミノウミウシ *Aeolidiella* 属，ワグシミノウミウシ *Baeolidia* 属，イロミノウミウシ *Spurilla* 属，リメナンドラ *Limenandra* 属などきわめて多くのミノウミウシ類の好みの餌になっている．面白いことに，やはり近縁のホネナシサンゴ目を食べるウミウシは知られていない．

メキシコの太平洋岸に分布するホンミノウミウシ属［訳註 14］の仲間 *Anteaeolidiella indica* がねじれた糸状の卵塊を餌のイソギンチャクのそばに産み付けている

カリフォルニアでは，オオミノウミウシ *Aeolidia papillosa* がヒダベリイソギンチャク *Metridium senile* を食べる

イシサンゴ食者

ジボガミノウミウシ *Phestilla lugubris*，チビミノウミウシ *Phestilla minor*，イボヤギミノウミウシ属の仲間 *Phestilla poritophages*，タテジマウミウシ類のアワユキウミウシ *Pinufius rebus* はいずれもハマサンゴ *Porites* 属を食べる．4 種とも，サンゴの硬い骨格から組織の薄い層をこそげ取るようにデザインされた独特の歯舌歯を持っている．この 4 種はいずれもサンゴの組織を摂取しているが，利用する部位はそれぞれに異なっている．チビミノウミウシ *P. minor* は螺刺胞（spirocyst）を食べて消化腺の中に蓄え，ジボガミノウミウシ *P. lugubris* は同じ組織を摂取するが螺刺胞は保持しない．イボヤギミノ

メキシコの太平洋岸では，ジボガミノウミウシ *Phestilla lugubris* はハマサンゴを食べる．白っぽく見えるのはミノウミウシがサンゴのポリプを食べた跡を示している

訳註 14・*Anteaeolidiella* 属の和名　*Anteaeolidiella* 属には本邦産のミノウミウシ *A. takanoshimensis* が属しているが，ミノウミウシ属とすると混乱を招くので，ホンミノウミウシ属とした．

ウミウシ属の仲間 *Phestilla poritophages* は直接的な栄養源として褐虫藻を消化し，アワユキウミウシ *Pinufius rebus* は褐虫藻を保持して，共生的に利用する．

キサンゴ食者

イボヤギミノウミウシ *Phestilla melanobranchia* には，餌資源と直接関係してはっきりと異なる2つの色彩型がある．両型共に非造礁性サンゴのヒメイボヤギ *Tubastrea* 属とオノミチキサンゴ *Dendrophyllia* 属（共にキサンゴ科）を食べている．オレンジ色のキサンゴを食べた個体は赤橙色に，濃緑色のキサンゴを食べた個体は濃緑色を示す．

たいていのウミウシとは異なり，オレンジ色の側鰓類ホウズキフシエラガイ属の仲間 *Berthellina citrina* は餌に頓着しない．このウミウシは，ヒメイボヤギ *Tubastrea* 属やルリサンゴ *Leptastraea* 属のキサンゴに加えて，イシサンゴ類のハマサンゴ *Porites* 属やカイメンも食べる．

キサンゴ類を食べているインド太平洋産のイボヤギミノウミウシ *Phestilla melanobranchia* の橙色型（左）と黒色型（右）

二枚貝食者

エムラミノウミウシ *Hermissenda crassicornis* は，ヒドロ虫，ウミエラ類，イソギンチャク類，ホヤ類を食べる機会主義的な捕食者だが，アメリカナミガイ *Panopea generosa* の肉を食べているところが最近観察された．

カリフォルニアに分布する機会主義的捕食者であるエムラミノウミウシ *Hermissenda crassicornis* がアメリカナミガイによじ登っている

微小な無腸目のヒラムシ（緑褐色の円盤状）は，インド太平洋に分布するさまざまな無脊椎動物の体表にすんでいる

インド太平洋に分布するニシキツバメガイ *Chelidonura hirundinina* は無腸目のヒラムシを食べる

ヒラムシ食者

頭楯類のニシキツバメガイ *Chelidonura* 属は，イシサンゴやソフトコーラルの近くでよく見かけられるので，そうした動物を食べていると思われていたことがある．この捕食者が実際に食べているのは，サンゴを食べる *Convoluta* 属などの小さな無腸目[訳註 15]や多岐腸目のヒラムシだとわかったのは最近のことである．

ムラサキウミコチョウ *Sagaminopteron* 属，キマダラウミコチョウ *Siphopteron* 属，ヤマトウミコチョウ *Gastropteron* 属など遊泳性の頭楯類はカイメンの中にすんでいる．しかし，歯舌を調べてみると，カイメンの硬い組織は摂取できないことを示していた．これらの属のウミウシは，やはり無腸目やその他の小さなヒラムシを食べていると考えられる．

インド太平洋に分布するキマダラウミコチョウ *Siphopteron tigrinum*（左）とアマミウミコチョウ *Gastropteron* sp.（右）は，カイメンの小孔内にすむ小さなヒラムシを食べると考えられている

訳註 15・無腸類は，現在は扁形動物のヒラムシとは独立した無腸動物として扱われている．

ゴカイ食者

エゾキセワタ属の一種 *Melanochlamys* sp. やカラスキセワタ *Philinopsis speciosa* など何種かの頭楯類や，ミスガイ *Hydatina physis* などのオオシイノミガイ類は多毛類を食べている．多毛類の化学的な毒が，摂取の過程でウミウシ自身の防御用に取り入れられる．

インド太平洋に分布するオオシイノミガイ類のミスガイ *Hydatina physis*（左）や頭楯類のカラスキセワタ *Philinopsis speciosa*（右）は多毛類を食べている

コケムシ食者

ツガルウミウシ *Trapania* 属，イバラウミウシ *Okenia* 属，フジタウミウシ *Polycera* 属，フジタウミウシ亜科の *Polycerella* 属，ニシキリュウグウウミウシ *Tambja* 属，ミズタマウミウシ *Thecacera* 属，エダウミウシ *Kaloplocamus* 属，ハナサキウミウシ *Triopha* 属，トゲウミウシ *Acanthodoris* 属など多くのドーリス類や，アケボノウミウシ *Dirona* 属，コヤナギウミウシ *Janolus* 属，コヤナギウミウシ科の *Caldukia* 属，ショウジョウウミウシ *Madrella* 属などのタテジマウミウシ類は樹枝状のコケムシ類を食べている．

太平洋北東部に分布するアケボノウミウシ属の仲間 *Dirona albolineata*（左）は密集した樹枝状のコケムシ類を食べている．カリフォルニアに分布するラメリウミウシ上科の仲間 *Corambe pacifica*（右）は餌にしているヒラハコケムシ *Membranipora* の個虫の模様にそっくりである

イバラウミウシ *Okenia* 属，ラメリウミウシ上科の *Corambe* 属や *Loy* 属など，体の平たいドーリス類はいつもの餌にしている被覆性のコケムシ群体に擬態している．

カリフォルニアに分布するハナサキウミウシ属の仲間 *Triopha catalinae*（左）とオーストラリアやニュージーランド北東部に分布するニシキリュウグウウミウシ属の仲間 *Tambja verconis*（右）は数種の直立型コケムシを食べている

カリフォルニアに分布するイバラウミウシ属の仲間 *Okenia rosacea* は，ピンク色の被覆性コケムシ *Eurystomella bilabiata* を食べている

内肛動物食者

内肛動物は，かつて曲形動物と呼ばれていた，苔のように見える群体性の顕微鏡的な動物で，小さすぎて目立たないのでダイバーには気づかれない．ドーリス類のツガルウミウシ属の仲間 *Trapania velox* や *Trapania goslineri* は，内肛動物の群体がよくすみついている被覆性のカイメンの上で見かけることが多いが，カイメン食の他のドーリス類に似た歯舌構造を持っていない．この観察から，このウミウシはおそらくカイメンの組織ではなく内肛動物を食べていると推測される．

内肛動物の群体

ツガルウミウシ属の仲間 *Trapania goslineri* はカイメンの上にすむ内肛動物を食べると考えられている

蔓脚類食者

分布域の広い2種のウミウシが蔓脚類を食べていることがわかっている．大量のシロトゲウミウシ *Onchidoris muricata* が，定着したてのフジツボを食べているのがよく観察される．餌資源が激減させられた後には，その場所はこのウミウシの卵塊で文字通り覆い尽くされる．ヒダミノウミウシ *Fiona pinnata* は海流に押し流されたエボシガイ *Lepas* 属を食べている．エボシガイは，流木や漁業用の浮き，ゴミなどの漂着物の上で見つかることが多い．

汎世界種のヒダミノウミウシ *Fiona pinnata* 数個体が，エボシガイ *Lepas* 属を食べている（左）．ヒダミノウミウシ *F. pinnata* が被覆性のコケムシと単独性のエボシガイの上に乗っている（右）

甲殻類食者

スギノハウミウシ類のメリベウミウシ *Melibe* 属の数種は，海底を這っているときに大きくて伸縮性のあるフード（oral hood）を投げてさまざまな甲殻類の餌を捕獲する．この動きは，投網を投げる漁師に似ているように見える．この属のウミウシは餌を引き裂く歯舌歯を持たないので，結果的に餌を丸のみしなければならない．アメリカの太平洋北西部地方では，メリベウミウシ属の仲間 *Melibe leonina* の大集団が，海水中の小さな甲殻類を捕まえるために，寄せ波に向かって一斉にフードを持ち上げていることがよくある．この種の分布域の南の方ではコンブの仲間のジャイアントケルプ *Macrocystis integrifolia* の樹冠にすんでいるが，もっと北の方では海底の岩肌の上にたくさん集まっている．

インド太平洋に分布するムカデメリベ *Melibe viridis* がフードを投げて，小さなエビ（矢印で示す）を捕らえ，フードを閉じて獲物を飲み込むまでの様子

ホヤ食者

顕鰓ウミウシ類のクロスジリュウグウウミウシ *Nembrotha* 属やネコジタウミウシ *Goniodoris* 属はホヤを食べている．ホヤは濾過食の無脊椎動物で脊索動物門に属する．

セグロリュウグウウミウシ *Nembrotha chamberlaini* がホヤを食べている

ホヤ食のミラーリュウグウウミウシ *Nembrotha milleri*

卵食者

有毒かどうかにかかわらず，卵塊はトモエミノウミウシ *Favorinus* 属の各種にとって楽しみなごちそうである．嚢舌類ハダカモウミウシ科の *Olea* 属も他のウミウシの卵塊を食べる．キヌハダモドキ *Gymnodoris citrina* も卵食者だが，同属のキクゾノウミウシ *Gymnodoris striata* の卵塊を食べることだけがわかっている．[訳註 16] 多くのウミウシの卵はほんの数日，あるいは数時間で孵化する．新鮮な卵塊がどのようにしてうまく頃合い

地中海に分布するヒダミノウミウシ上科の仲間 *Calma glaucoides* が魚卵を食べている．孵化したての幼魚に注目

訳註 16・キヌハダモドキの卵食　キヌハダモドキ *Gymnodoris citrina* は，同属種およびオカダウミウシ *Vayssierea felis* を餌としていて，さらにその卵塊も摂餌する．多くの場合，餌種のウミウシは転石裏に産卵し，オカダウミウシは餌のウズマキゴカイの周囲に産卵するので，キヌハダモドキもそのような環境で見つかることがある．幼体のうちは卵殻を割って，中身のみを摂餌しているが，成体では岩などから卵殻ごとかじりとって丸飲みする．

東海大学出版部
出版案内
2018.No.1

『日本産クモ類生態図鑑』より

東海大学出版部
〒259－1292 神奈川県平塚市北金目4－1－1
Tel.0463-58-7811 Fax.0463-58-7833
http://www.press.tokai.ac.jp/
ウェブサイトでは、刊行書籍の内容紹介や目次をご覧いただけます。

20世紀を知る

広瀬一郎　著

A5判・並製本・180頁　定価（本体2400円＋税）ISBN978-4-486-02137-7　2017.3

われわれの生きる21世紀においてすでに「歴史」になりつつある20世紀の歴史を「知識」としてではなく「教養」として学び、20世紀に由来する今世紀の問題点とその解決方法を模索する。

オデュッセウスの記憶

古代ギリシアの境界をめぐる物語

フランソワ・アルトーグ　著／葛西康徳・松本英実　訳

四六判・上製本・450頁　定価（本体4800円＋税）ISBN978-4-486-01950-3　2017.3

ギリシャ神話の英雄と称されるオデュッセウス。「体験者」である彼を旅の案内人とし、その案内に従い古代ギリシャの人類学的歴史および長期の文化史を探求する。そしてその旅を通してギリシャのアイデンティティの輪郭を記す。

風狂のうたびと

村瀬　智　著

A5判・上製本・210頁　定価（本体2800円＋税）ISBN978-4-486-02122-3　2017.3

本書はバウルとよばれる宗教的芸能集団の文化人類学的研究成果である。第１部ではバウルへのインタビューによるライフヒストリーを収録。第２部では民族誌的記述と分析からカースト制度の表裏の関係にある世捨ての制度を考察する。

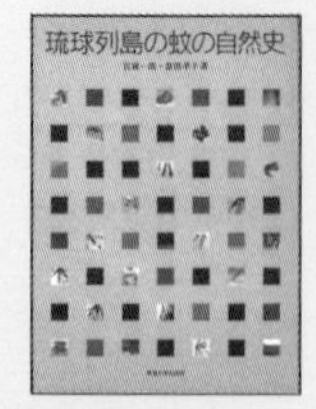

琉球列島の蚊の自然史

宮城一郎・當間孝子　著

B5判・上製本・244頁　定価（本体4800円＋税）ISBN978-4-486-02129-2　2017.3

本書では、長年にわたる琉球列島の蚊相の研究から得られた知識やノウハウを始め、蚊が伝播するフィラリア症、マラリア、デング熱、日本脳炎など医動物学分野の情報と最新知見を解説する。

を見て探し出されるのかわかっていないが，ときには産卵個体がまだそのあたりを離れる前に，数個体の捕食者が新鮮な卵塊を食べていることがよくある．地中海に分布するヒダミノウミウシ上科の仲間 *Calma glaucoides* と同属の *Calma gobioophaga* は何種かの魚卵を食べている．

インドネシアで，ツルガチゴミノウミウシ *Favorinus tsuruganus*（右）が，シンデレラウミウシ *Hypselodoris apolegma* の産卵個体（左）が立ち去る前に卵塊を襲っている

インドネシア産のツルガチゴミノウミウシ *Favorinus tsuruganus* と，同じトモエミノウミウシ属の一種 *Favorinus* sp. がミカドウミウシ *Hexabranchus sanguineus* の卵を食べている．明らかに捕食者たちは卵の毒に影響されていない

魚食者

「目の前にあるものはなんでも食べる」という機会主義的な摂餌習性のために，メリベウミウシ *Melibe* 属やカメノコフシエラガイ科のウミウシは幼魚や未成魚を胃の中に収めてしまうことがよくある．北アメリカの太平洋岸に分布するメリベウミウシ属の仲間 *Melibe leonina* は，幼魚の群れを食べるためにケルプの樹冠や漂着物によくぶら下がっている．

ウミウシと魚とのたいへん珍しい関係が，小さくて黒いドーリス類のスミゾメキヌハダウミウシ *Gymnodoris nigricolor* と，太平洋域でテッポウエビに共生している数種のハゼとの間で見られる．このウミウシは，ハゼの背鰭，胸鰭，腹鰭，臀鰭などに顎でしっかりと食いついている．ウミウシがハゼの鰭条の間の組織を食べているのか，体表の粘液を食べているのかはわかっていない．

ほぼ真っ黒な2個体のスミゾメキヌハダウミウシ *Gymnodoris nigricolor* が，エビと共生するヒメダテハゼ *Amblyeleotris steinitzi* の背鰭と腹鰭に取り付いている

ウミウシを食べるのは誰か？　ウミウシの共食いについて

何種かの無脊椎動物に加えて，一部の魚やウミガメがウミウシを食べることが確認されている．しかし，こうした情報を集めることは難しく，捕食者のリストはおそらく完全から程遠いものだろう．ウミウシは殻や骨を持たないので，捕食者と思われる動物の消化管内容物や糞を研究者が調べても，それと認識できる組織片はめったに見つけられない．野外でウミウシが食べられるところを観察するという代替策は，その性質上，データを集めるには効率的でないやり方である．

ウミウシの捕食者として短いリストに載せる動物には，ソコウミグモ *Anoplodactylus* 属が含まれる．この属の *A. evensi* は13種以上のアメフラシ類，嚢舌類，裸鰓類を食べたことが記録されている．近縁種の *A. carvalhoi* はミノウミウシ類の背面突起しか食べないことが明らかである．記録のある他の捕食者はミドリヒモムシ *Lineus fuscoviridis* で，小さなクロヘリアメフラシ *Aplysia parvula* を食べたことが韓国で観察されている．

海藻を食べるジャンボアメフラシ *Aplysia californica* は，何千もの刺胞を持つオオイボイソギンチャク *Urticina lofotensis* などのネバネバした触手の上にうっかりと踏み入れて

オーストラリアに分布する美しいソコウミグモ属の仲間 *Anoplodactylus evansi* は数種のウミウシを襲う

ジャンボアメフラシ *Aplysia californica* がオオイボイソギンチャク *Urticina lofotensis* の強力な押さえ込みに屈している．アメフラシが紫汁を放出していることに注意

しまうことがある．オーストラリアでは，アメフラシを食べる数種のベラが報告されている．ウミガメがアメフラシの集団を食べることも観察されている．集合性の大型側鰓類ゼニガタフシエラガイ *Pleurobranchus forskalii* の顎板がウミガメの胃内容物から見つかっている．ツノガニ亜科の *Loxorhynchus crispatus*，大型のガクフボラの仲間イナズマツノヤシ *Melo amphora*，ヤツデヒトデ属の仲間 *Coscinasterias calamaria* が裸鰓類を食べた記録もあるが，ウミウシが餌として追いかけられたのか，それとも死後に食われたのかはわからない．

韓国で，若いクロヘリアメフラシ *Aplysia parvula* が大食のミドリヒモムシ *Lineus fuscoviridis* に飲み込まれている

ウミウシはウミウシの最大の敵であることがわかってきた．カノコキセワタ科の *Navanax* 属，カノコキセワタ *Philinopsis* 属，ニシキツバメガイ *Chelidonura* 属は他の頭楯類ばかりでなく，通りかかったウミウシをなんでも食べてしまう．イシガキリュウグウウミウシ *Tyrannodoris* 属は，クロスジリュウグウウミウシ *Nembrotha* 属やニシキリュウグウウミウシ *Tambja* 属を食べる．この捕食性ウミウシは，残された粘液の跡を辿って餌を追跡する．そして，逃げている獲物の近くまできたことがわかると，獲物を吸い込もうとして大きなフード（oral hood）を広げる．

いい頃合いで捕食者の接近に気づいた獲物は，泳いで逃げることがよくある．ウミウシは視覚が弱いので，飲み込むには大きすぎる獲物を追いかけてしまうことがときには起こる．こうなると綱引き状態になり，捕食者は大きすぎる獲物を結局は諦めることになる．

キヌハダウミウシ *Gymnodoris* 属の各種はさまざまなウミウシを食べている．オオエラキヌハダウミウシ *Gymnodoris ceylonica* はクロスジアメフラシ *Stylocheilus striatus* を食べ，西オーストラリアに分布するキヌハダウミウシ属の一種 *Gymnodoris* sp. はアマモの葉の上にいる嚢舌類を食べ，キイボキヌハダウミウシ *Gymnodoris impudica* はキャラ

メキシコのカリフォルニア湾での獲物狩りにおいて，イシガキリュウグウウミウシ属の仲間 *Tyrannodoris tigris* がニシキリュウグウウミウシ属の仲間 *Tambja eliora* の粘液の跡を追いかけている（上左）．*Tyrannodoris tigris* は *Tambja eliora* を捉えようとして青いフードを広げる（上右）．*Tambja eliora* は捕獲を逃れようとして泳ぎ去る（下左）．*Tyrannodoris tigris* がニシキリュウグウウミウシ属の仲間 *Tambja fusca* を捕らえて，次の攻撃は成功した（下右）

インド太平洋に分布するキイボキヌハダウミウシ *Gymnodoris impudica* がアミダイロウミウシ *Hypselodoris iacula* を捕獲しようとしている（左）．オオアカキヌハダウミウシ *Gymnodoris aurita* がミドリハナガサウミウシ属の一種 *Marionia* sp. を食べている（右）

メルウミウシ *Glossodoris rufomarginata*，クラカトアウミウシ *Hypselodoris krakatoa*，クリヤイロウミウシ *Mexichromis mariei* を食べることが知られていて，おそらく他のドーリスも食べるのだろう．キヌハダウミウシ *Gymnodoris* 属の一部の種は同属種だけを食べる．「ウミウシ食い」を撃退するための，餌にされる側の化学的な防御策は明らかに効果がない．オオアカキヌハダウミウシ *Gymnodoris aurita* はウミウシ食いの大食漢で，ティラノザウルス *Tyranosaurus rex* にちなんで "*Gymnodoris rex*" というあだ名をつけられている．このウミウシは，昼間はウミアザミ *Xenia* 属の陰に隠れていて，夜になると餌を食べるためにサンゴ礁に姿を表す．

太平洋北西部では，派手な色の機会主義的動物食者のエムラミノウミウシ *Hermissenda crassicornis* が，通常のヒドロ虫の餌に加えてウミウシを食べているところが観察されている．南アフリカでは，派手な色のトウリンミノウミウシ属の仲間 *Godiva quadricolor* が貪欲な裸鰓類食者だと報告されている．

他のドーリス類を食べるドーリスだけでなく，イシガキリュウグウウミウシ *Tyrannodoris* 属やキヌハダウミウシ *Gymnodoris* 属の一部では共食いが確認されている．また，一部の種では交尾の後で相手を共食いすることが観察されている．さらに奇妙な

ガラパゴス諸島に分布する，交尾直後のイシガキリュウグウウミウシ属の仲間 *Tyrannodoris leonis* が互いに攻撃しあって（左），小さい方が闘いに敗れた（右）

ことに，パートナーたちはまだ交尾を続けているのに，互いに相手を飲み込もうとすることさえときにはある．ふつうは2個体のうちより大きい方が打ち勝って，生殖器官を最後にして飲み込んでしまう．

カリフォルニアでは，深海産のウミフクロウ属の仲間 *Pleurobranchaea californica* が同種の幼体を食べることが知られている．消化管内容物の分析では，大型の1個体内から幼体15個体が見つかっている．

Column 1

キヌハダウミウシ *Gymnodoris* 属の食性

キヌハダウミウシ属は例外のある一種を除いて，全ての種が他の後鰓類を餌としている．例外のある一種とはダテハゼ類やシノビハゼの鰭に着生するスミゾメキヌハダウミウシ *Gymnodoris nigricolor* である（本文96ページ参照）．イロウミウシの仲間で種ごとに餌とするカイメンの種類が決まっているように，キヌハダウミウシの仲間にも餌のウミウシに選好性がある．キヌハダウミウシ *Gymnodoris inornata* がクロシタナシウミウシ属の類を捕食している様子が春の磯でよく見られるが，同じ磯に多くみつかるアオウミウシに対しては目もくれない．「好みの餌ウミウシがなくてアオウミウシだけがいるとき」には飼育下で捕食することを観察したが，やはり好みではないのか，外套膜の部分は排出していた．おそらく中身だけ吸い出したものと思われる．キヌハダウミウシ属の捕食方法にもタイプがあり，大きくは(1)丸呑み型，(2)吸い出し型，(3)かじりとり型に分けられる．ただし，キヌハダウミウシは丸呑みするだけでなく，例えばマダラウミウシのように餌のサイズが自分よりも大きい場合にはしばらく中身を吸い出したのちに捕食をやめてしまう（吸われていた餌ウミウシは死亡する）ことがあるので，厳密に捕食方法が決まっているわけではないと思われる．アカボシウミウシ *Gymnodoris alba* は，オカダウミウシとミノウミウシ類のみを餌としている．背面突起を防御に用いるミノウミウシ類が相手でさえも躊躇なく噛みつき，丸呑みしてしまう．他のウミウシに対する捕食性が高いグループではあるが，共食いする種は現在のところキヌハダモドキ *Gymnodoris citrina* 以外には知られていない．（K）

キヌハダウミウシ*Gymnodoris inornata*（左）がマダラウミウシ*Dendrodoris fumata*に噛みつき捕食する様子

アカボシウミウシ *Gymnodoris alba*（右）がヤツミノウミウシ *Herviella yatsui* に噛みつく様子

Column 2

キヌハダモドキ *Gymnodoris citrina* の共食い

キヌハダモドキは同属種や同属種の卵塊を餌とするが，同種を捕食すること，つまり共食いも知られている．キヌハダモドキは同種に触れると，たとえ相手が自身よりも大きかろうと，ただちに相手に食らいつく．このときに噛みついた方からも噛みつかれた方からも交接器が勢いよく飛び出すが，この交接器は他のウミウシと比べると非常に長く，運動性があるので，本体とは別物にみえるくらいである．これは単なる雄性生殖器（陰茎・輸精管）だけではなく，他の裸鰓類と同じように雌性生殖器（膣口・膣管）も備えた両性生殖器である．この長い交接器を互いに振り回して，相手の交接器に何度か接触させるうちに交尾が成立する．普通のウミウシであれば交尾後は受け取った精子を使って両者が産卵するのだが，キヌハダモドキは噛みつきをやめず，交尾と同時進行で相手を丸飲みしようとする．共食いが進行するにつれて，相手の体は飲み込まれ，いよいよ生殖器だけとなると，交接器の結合が離れ，勝者が相手の交接器を飲み込んで共食いと交尾が終了する．

こういった配偶時に起こる共食いのことは「性的共食い（sexual cannibalism）」といい，雌雄異体のカマキリやコガネグモではよく知られるが，雌雄同体種ではこれまで知られておらず，その進化的背景は大きく異なると考えられる．（K）

①同種に出会うと即座に相手に噛みつく．攻撃の直後に生殖口（図中矢印）から交接器が伸び始める

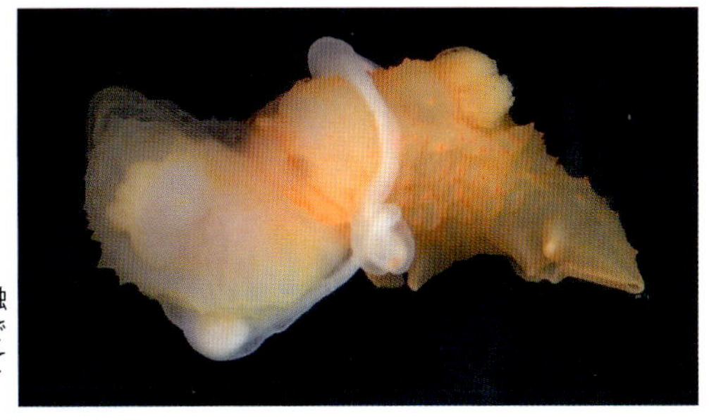

②噛みつきながらもお互いの交接器を探して，触れると絡め合わせる．ねじれた交接器の先端では相手個体の膣口に自らの陰茎を挿入し合っている状態

③交尾が成立しても噛みつきはやめない．最終的に一方の個体は丸飲みにされるが，飲み込まれる寸前まで交尾を続ける

繁殖

次世代を生産中のクロスジリュウグウウミウシ属の一種 *Nembrotha* sp.

ウミウシの一生は比較的短く，性成熟した後は繁殖相手をみつけて交尾を成功させるためには数日から数ヶ月しか残されていない．全ての成体は雌雄同体で，同時に完全に発達した両性生殖器官を持っている．それぞれの個体が発生可能な卵を生産するのに必要な全ての生殖輸管を持っているが，それでもなお彼らは配偶に2個体を必要としていて，成熟した2個体の成体の片方がもう一方から精子を受け取り，他方も同様に相手から精子を受け取る．自家受精機能は，嚢舌亜目のタマノミドリガイ *Berthelinia schlumbergeri* 一種のみで知られている．

全てのウミウシの生殖口は体の右側に位置している．2個体の成体が互いに体の右側を近づけて，それぞれ自分の頭部に相手の尾部を合わせて位置取ると交尾が起こる．双方の生殖突起が触れるとすぐに，互いのペニスが相手の雌性生殖管に挿入される．

右のページの中段の写真では，2個体の裸鰓亜目のセグロリュウグウウミウシ *Nembrotha chamberlaini* の生殖口がめくりかえされて接触している．互いのペニスは雌性生殖器の開口部に挿入され，精子を放出した後，2個体は離れていく．一度受精すると，両個体はそれぞれ独立にリボン状の受精卵塊を生むことができる．

ほとんどのウミウシの求愛行動は，2個体が交尾のポジションを取るだけに過ぎないのだが，交尾の前に30分ほども争ったり，噛みついたり，体をこすり付けたりするウ

精子を交換するために雄性（生殖輸）管と雌性（生殖輸）管を対にして伸長したカリフォルニア産のサキシマミノウミウシ上科の仲間 *Flabellinopsis iodinea* の生殖器

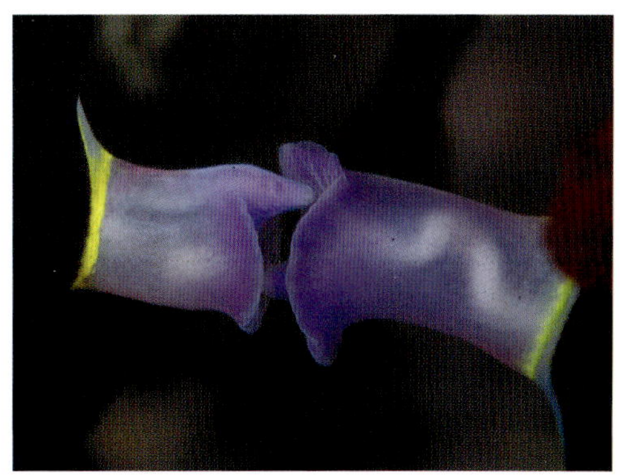

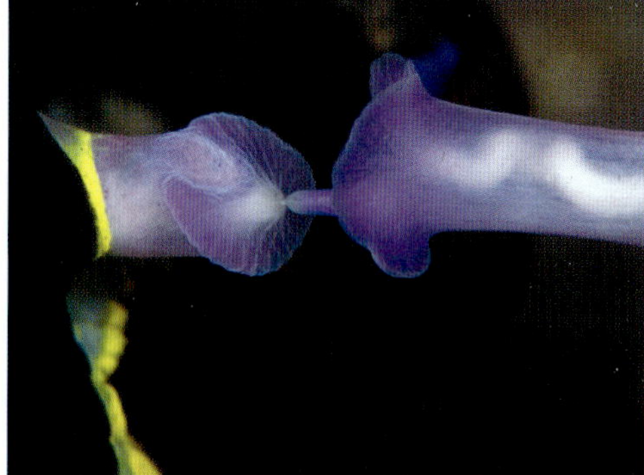

交尾中に精子交換をおこなっているセグロリュウグウウミウシ *Nembrotha chamberlaini*

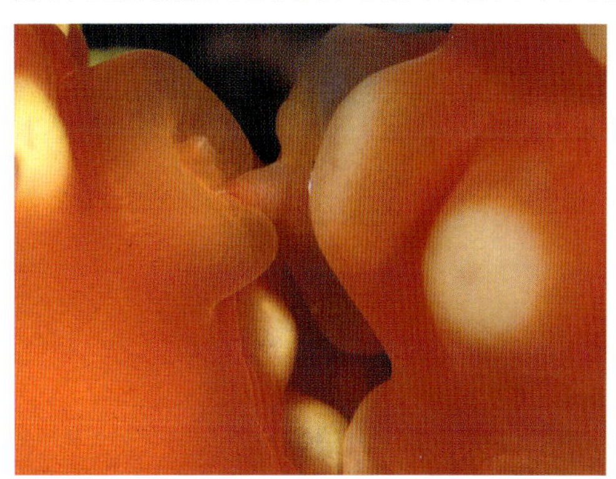

生殖器の形や大きさの種間による違い．インド太平洋産のオオアカキヌハダウミウシ *Gymnodoris aurita*（左）は短い円錐型の生殖突起を持ち，オキナワヒオドシウミウシ *Halgerda okinawa*（右）は広い円盤状の生殖突起を持つ

求愛儀式はカリフォルニア産のシャクジョウミノウミウシ属の仲間 *Phidiana hiltoni* のペア（左）に見られるような闘争と噛みつきや，インド太平洋産のニシキツバメガイ *Chelidonura hirundinina*（右）に見られるような寄り添い行動を含む

ミウシもいる．数種のミノウミウシ類は，頭触手で相手をなでる精巧な求愛行動を長い時間おこなう．交尾時間は種間で有意に異なる．多くのミノウミウシ類では交尾があまりにも迅速におこなわれるため，ほとんど観察されたことがない．[訳註 17] これに対して，多くのドーリス類などでは，交尾しているかなり長い時間を一緒に過ごす．

典型的には，交尾中に精子は受精嚢と呼ばれる一時的な精子貯蔵器官に移送される．精子は，受精嚢から卵が受精する場所である両性輸管へと移動し，そこから卵巣や子宮とほとんど同じ機能を持つ雌性生殖腺に送られる．卵は雌性生殖腺の 3 つのセクションを通過する．まず，アルブミン腺内では受精卵に栄養層（nutritive layer）が加えられる．次に卵はメンブレン腺内で卵嚢を獲得する．最後に粘液腺内ではたくさんの卵が互いに

Column 3

ウミコチョウの外傷性分泌液注入

キマダラウミコチョウ *Siphopteron* 属の仲間は，交尾器の先端に鍵爪がついた付属器を持っていて，交尾の際にその付属器を交尾相手の体に刺して，ある種の分泌液を送る．この分泌液によって相手の交尾や生殖に関する行動を操作していると考えられている．この「外傷性分泌液注入」は種によって刺す場所が異なり，雌性生殖口を好んで刺す種もいれば，ばらばらな場所を指す種もいる．近年，キマダラウミコチョウ属の一種 *Siphopteron* sp. は，交尾の際にこの付属器で必ず相手の頭を刺すことが室内実験により明らかになった．これは頭に位置する中枢神経付近に直接分泌液を注入することで，より早く交尾相手の生殖機構や行動を操作するためだと推察されている．(S)

訳註 17・ミノウミウシ類の交尾時間　ミノウミウシ類の交尾時間はきわめて短いとされていたが，短いのは配偶相手の体表に精包をつけるタイプの配偶行動をおこなう一部の種だけで，通常の交尾行動をおこなうより多くの種の交尾時間は必ずしも短くないことが横井恵太（研究当時：日本大学生物資源科学部在学）らによって明らかにされた．

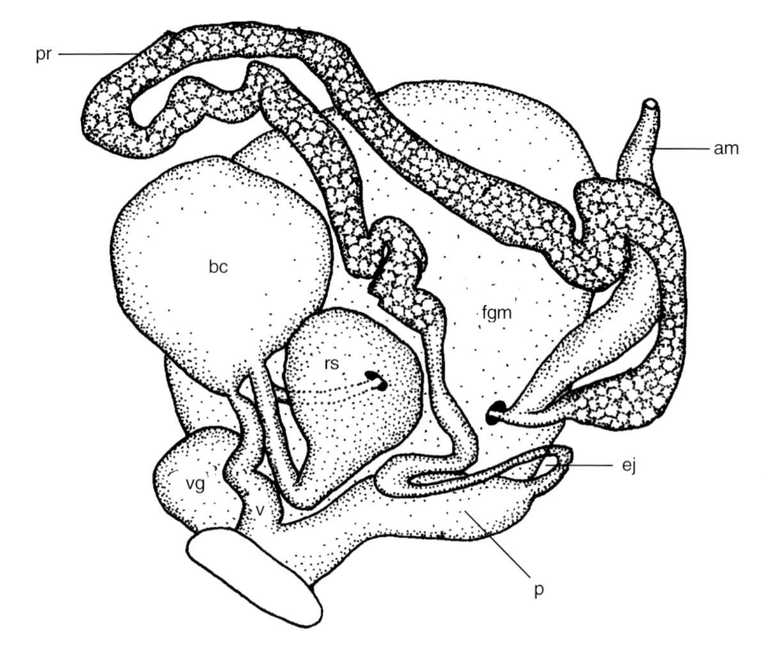

ミカエルイロウミウシ *Chromodoris michaeli* の生殖器系．雌性生殖腺類（fgm），受精嚢（rs），交尾嚢（bc），膣（v），膣腺（vg），輸精管（ej），膨大部（am），摂護腺（前立腺）（pr），ペニス（p）

鎖状もしくはリボン状に接着される．ほとんどの種は基本的には（上の）図のような生殖器系をもっているが，種間で著しく異なっていることもある．

多くのウミウシは交尾中に確実に一緒にいられるようにするためのメカニズムを発達させている．この能力は，特に水流の強い場所では，交尾ペア間での精子交換の成功を保証するためにきわめて重要である．この過程を強化するために，多くのドーリス類のペニスはキチン質の棘に覆われている．加えて，数種のウミウシの膣は棘で裏打ちされている．両者の機能は同じで，交尾が完了するまで交尾相手の生殖器をしっかりと保持することである．

Column 4

ペニスの逆棘の機能

多くのドーリス類のペニスはキチン質の棘に覆われていて，棘の機能は交尾中にペニスが抜けてしまわないように交尾相手の膣口にしっかりと固定するためだと推察されているが，証明はされていなかった．しかし，近年交尾中の固定以外のペニスの棘の機能が明らかになった．ドーリス類のチリメンウミウシ *Chromodoris reticulata* のペニスは他の種に比べるとかなり長く，その先端は無数の逆棘で覆われている．この逆棘を用いて交尾相手の体内に既に蓄えられている他個体由来の精子を絡め取って掻き出していることがわかった．トンボなどでは付属器を使って他個体由来の精子を掻き出すことが知られているが，このウミウシはペニスを使って同じことをおこなっていたのである．チリメンウミウシは交尾を終えるとペニスを自切して，ペニスと一緒に逆棘についた他個体由来の精子を捨ててしまうが，次の日には新しいペニスが生えてきて再び交尾が可能になる．体内には非常に長いペニスがコイル状に圧縮されて用意されていて，それを少しずつ伸ばして使用できる状態に復元することで，一度の交尾でペニスを失っても一日おきに交尾することができる．(S)

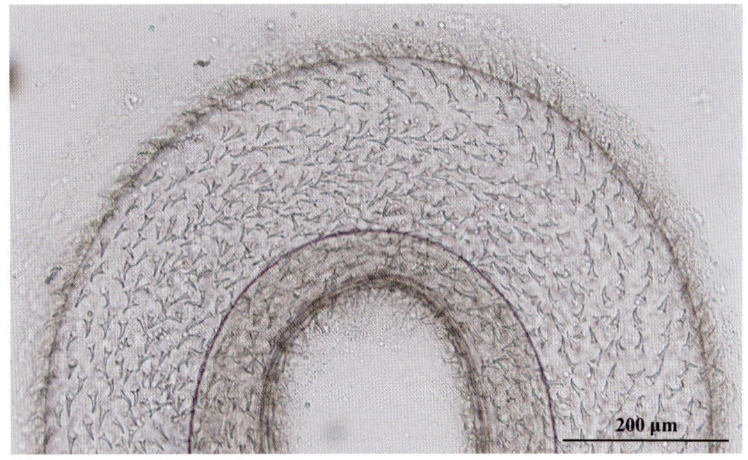

自切したペニスの表面の逆棘

交尾中のチリメンウミウシ

交尾中のウミウシ

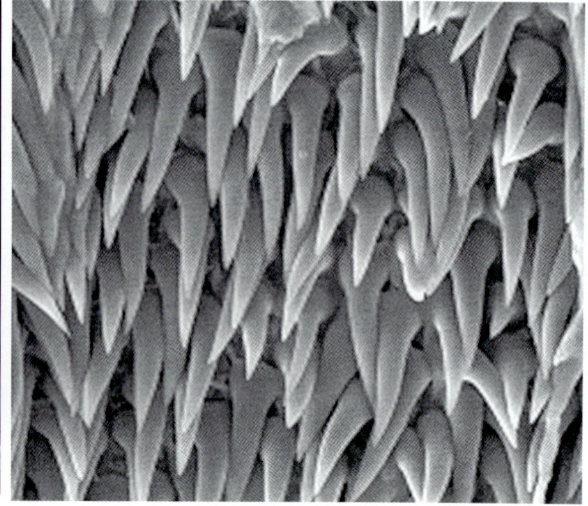

セグロリュウグウウミウシ *Nembrotha chamberlaini*（左）とクロシタナシウミウシ属の仲間 *Dendrodoris azineae*（右）のペニス表面の棘の走査電子顕微鏡写真．（写真提供 T. Gosliner と A. Valdes）

インド太平洋産のミスジアオイロウミウシ属の仲間 *Chromodoris annulata* とヒョウモンウミウシ *Chromodoris leopardus*（左），パイナップルウミウシ *Halgerda willeyi* とコヤマウミウシ *H. wasinensis*（右）のように異なる種間で受精を試みている

ウミウシは同属もしくは同科の異種間で交尾をおこなうことがある．単純に同種の体色や斑紋の変異の間での交尾であった場合もあるだろう．しかし，下の写真に見られるように，いつもそうだとは限らない．異種間の交尾によりリボン状の卵塊が産みつけられることもあるが，生物学者たちはそうした異種間の結びつきによって受精卵が生まれるのかどうか決めかねている．しかし，その可能性はきわめて少ないだろう．

連鎖交尾は，アメフラシ *Aplysia* 属やトゲアメフラシ *Bursatella* 属などいくつかのアメフラシ類で一般的である．英語では「デイジー・サークル」とも呼ばれる連鎖交尾は，3 個体以上が一斉に交尾に参加するときに形成される．連鎖交尾が起きるとき，連鎖の

環熱帯種のジャノメアメフラシ *Aplysia argus* [訳註 18] の連鎖交尾

先頭個体はもっぱら雌として，最後尾個体は雄としてだけ機能するが，両端以外の全ての個体は同時に雄としても雌としても働く．数多くの個体が連鎖交尾に加わったときは，盛り上がった土塁のように見えることもある．ニシキツバメガイ *Chelidonura* 属やエゾキセワタ *Melanochlamys* 属など数種の頭楯類も連鎖交尾のような方法で交尾をおこなう．

雄性先熟

若いウミウシがより老齢で大きな個体と交尾しているのをときおり見かけるかもしれない．ふつうこれは風変わりな交尾にすぎないのだが，雄性先熟をおこなうウミウシが何種かいる．雄性先熟の定義の１つは，雌より早い時期に雄が出現することを指す．性が一生変わらないサケのような雌雄異体種では，雄性先熟という言葉は雌よりも先に雄が繁殖場所に到達することを指している．しかし，ウミウシのような雌雄同体種におい

インド太平洋産のゾウゲイロウミウシ *Hypselodoris bullockii*（左）[訳註 19] とキイボキヌハダウミウシ *Gymnodoris impudica*（右）の幼体が成体と交尾している

訳註 18・ジャノメアメフラシの体色　体色が日本産のものと異なる．
訳註 19・ゾウゲイロウミウシの体色　触角と鰓の色が日本産のものと異なる．

オーストラリア産のウスカワブドウギヌ *Volvatella* 属は，雄性先熟を示す．配偶準備のできた小さな雄が年長の雌雄同体個体の殻の上に乗っている

ては，雄性先熟とは雄性生殖器官が雌性生殖器官より先に発達することを意味する．雄性先熟するウミウシの配偶は，性成熟した小型の雄個体と成熟した両性器官を持つ大型個体との間でだけ起こることが室内実験により明らかになった．加えて，十分に交尾可能であるにもかかわらず，それらの大型個体どうしは交尾をおこなわなかった．

雄性先熟は魅惑的で奇妙な生物現象であるが，この現象が雄性先熟種にあたえる利益は解明されていない．また，雄性先熟について個体群間や群内でどれだけ変異があるかもほとんどわかっていない．生物学的観点からは，大型雌は小型雌よりはるかに多くの卵を生産できる．おそらく，雌雄同体のウミウシは，小型個体の卵生産を最小化する戦略を取るだろう．小型個体はその雌器官が成熟するまでは貯精嚢に精子を貯めて，そののちに卵生産を最大化させるだろう．この戦略は配偶相手との遭遇が稀な種に利益をもたらすだろう．

卵塊

後鰓類の卵は我々が想像しうる限りのさまざまな大きさ，形，色をしている．ふわふわした形と鮮やかな色がよりドラマティックであるほど，水中写真家にとってお気に入りの被写体となる．卵はウミウシの右体側に位置する卵管から押し出される．この生殖突起にはペニスと膣も同じく開口している．残念なことに，卵塊を産んでいるところが実際に観察されないかぎり，卵塊の親を特定することは非常に困難である．けれども，特定の餌を食べてその上に独特の卵塊を産む種や，並外れて特徴的な卵塊を産む種などの稀なケースでは，卵塊とその親を関係づけられる．

リボン状の卵塊がシンデレラウミウシ*Hypselodoris apolegma*の生殖突起内の輸卵管から出てきている

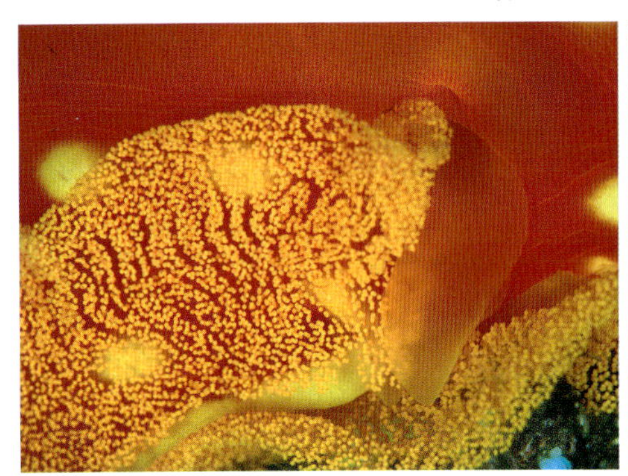

輸卵管から押し出されたインド太平洋産のオオアカキヌハダウミウシ *Gymnodoris aurita* のリボン状の卵塊（左）．インド太平洋産のツノウミフクロウ *Pleurobranchaea brockii* のほぼ透明なリボン状卵塊が輸卵管（外套膜の下にある）から出てきている（右）

産卵数は，祖先的な種が産む 1 個か 2 個から何種かのアメフラシで報告されている 2500 万個までさまざまである．さらに，卵塊を構成する卵の数は，幼生の発生様式，産卵した親個体の大きさ，何回目に産卵された卵塊なのか，親個体の栄養状態などの特性に直接的に影響を受ける．

卵塊の形状は劇的に多様である．最も一般的なものはコイル状か螺旋状のリボンのようだが，絡まった糸か鎖状に繋がったビーズか，円筒のように見えるものもある．リボン状卵塊は底質の平面に産み付けられることもあれば，リボンが縁に立つように側面に付着されることもある．

ほとんどの種は反時計回りに卵のリボンを産みつける．生殖口が右体側に位置してい

ブリティッシュコロンビア産のスギノハウミウシ属の仲間 *Dendronotus iris* はお気に入りの餌動物であるハナギンチャク類の仲間 *Pachycerianthus fimbriatus* の周りに環状に特徴的な卵塊を産む

フレリトゲアメフラシ *Bursatella leachii*〔訳註 20〕など多くのアメフラシ類は絡まった紐状の卵塊を産む

訳註 20・フレリトゲアメフラシの模様　日本産のような青色斑紋がない.

カリフォルニア産のイソウミウシ属の仲間 *Rostanga pulchra* のドーリス類に典型的な螺旋状卵塊（左）とヨツスジミノウミウシ科の仲間 *Hermosita hakunamatata* の波打った長い鎖状卵塊（右）の比較

たいていの裸鰓類と同じく，インド太平洋産のレンゲウミウシ *Mexichromis multituberculata*（左）やシロタエイロウミウシ属の一種 *Glossodoris* sp.（右）は反時計回りに卵塊を産み，リボン状の卵塊を自分が進んでいく基質に腹足の裏を使って接着させる

リボン状卵塊はインド太平洋産のリュウモンイロウミウシ *Hypselodoris maritima*（左）のように基質の縁か，インド太平洋産のアンナウミウシ *Chromodoris annae*（右）のように基質に平たく産みつけられる

特徴的な卵塊

インド太平洋産のニシキツバメガイ *Chelidonura hirundinina* は，円筒状の卵塊を産む

インド太平洋産のコナユキツバメガイ *Chelidonura amoena* は，産みつけられた卵塊の内側で体をひねりながら管状の卵塊を産む

ることを考慮すると，純粋に機械的な観点から，この方向に卵塊を生んでいくことが整った螺旋形をうまく作る唯一の方法である．加えて，左に回ることによって，新たに生みつけられるリボン状卵塊は腹足を使って底質に押し付けやすくなる．ほとんどの種が螺旋の内側から始めて外側へと産卵していくが，いくつかの種は外側から産み始めて，中心へと進んでいくことが知られている．マツゲメリベウミウシ *Melibe engeli* やメリベウミウシ属の仲間 *Melibe australis* などの数種は，リボン状卵塊を時計回りに産んでいくと報告されている．

強い潮の流れによるよくない影響を避けようとして，多くの種は，卵塊をしっかりと底質に固定するための斬新な方法を発達させている．タテジマウミウシ属の仲間 *Armina cygnea* は，透明なゼラチン質のリボンコイルを柔らかい砂底に埋めるために，体を繰り返しぐるぐると回す．そして，卵をより確実につなぎとめるために，糸のような粘液の碇で付着させる．似たような繋ぎ止め方を採用している種は他にもいる．トウヨウキセワタ *Aglaja* 属，ニシキツバメガイ *Chelidonura* 属，カノコキセワタ *Philinopsis* 属などの頭楯類は，筒状の卵塊を生み，止め糸で固定されている．しかし，これらそれぞれの方法の効果はまだ明らかにはなっていない．

捕食者に味見されるとピリピリとして，食べられると毒性のある卵を産む種もいる．たいていの例では，まずい卵塊は捕食者への警告のために派手な色をしている．

卵と幼生の発達

他の無脊椎動物と同じく，ウミウシも卵から幼生が孵り，そして幼体へと変態する．世界的に見ると，ウミウシの約３分の２の種が「プランクトン栄養幼生」を産生し，その一生の短い時間あるいはもっと長い期間を外洋の広大なプランクトン・ネットワークの一部となって過ごす．ウミウシは，プランクトンとしてすごす時間の長さにかなりの程度影響を及ぼす３つのタイプの幼生発達様式を採用している．

「ベリジャー」幼生として知られる，防御用の殻を持つ自由遊泳性の幼生は，小さなサイズで孵化し，比較的透明で，一般的には足として知られる前足の前縁を欠いている．その結果，この幼生は変態を成し遂げる能力を獲得するまでのある程度の期間をプランクトンとしてとどまらなければならない．十分に成長すると，彼らが好む底生の餌から

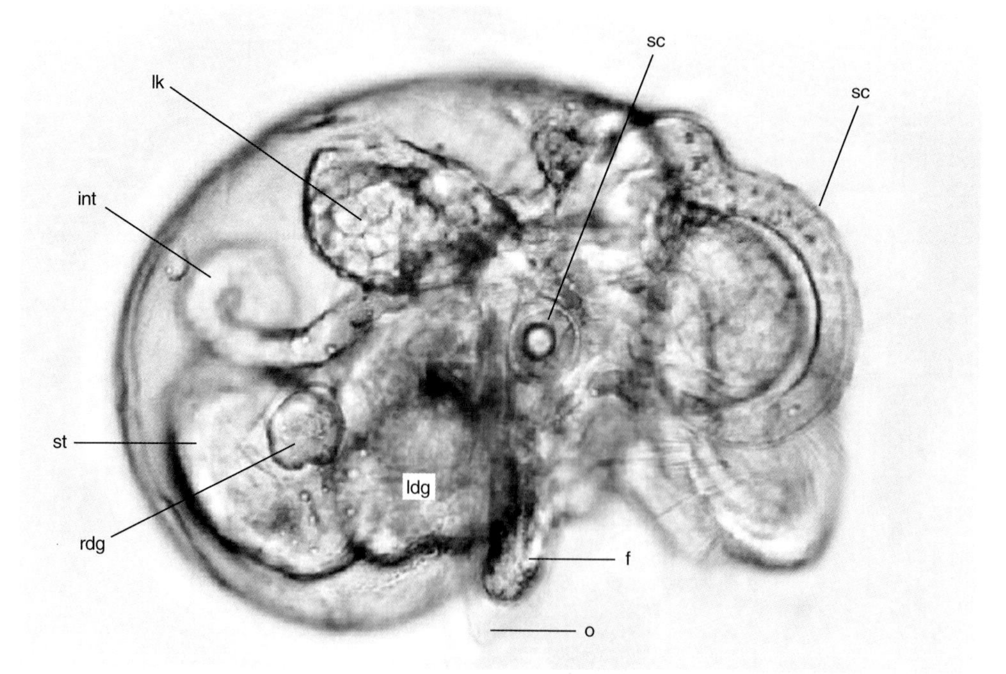

図Ａ　１型プランクトン栄養幼生の顕微鏡写真（Jeff Goddard 提供）．（f）足；（int）腸；（ldg）左消化腺；（lk）（幼生）腎臓；（o）蓋；（rdg）右消化腺；（sc）平衡胞；（st）胃；（v）面盤もしくは遊泳用の繊毛列

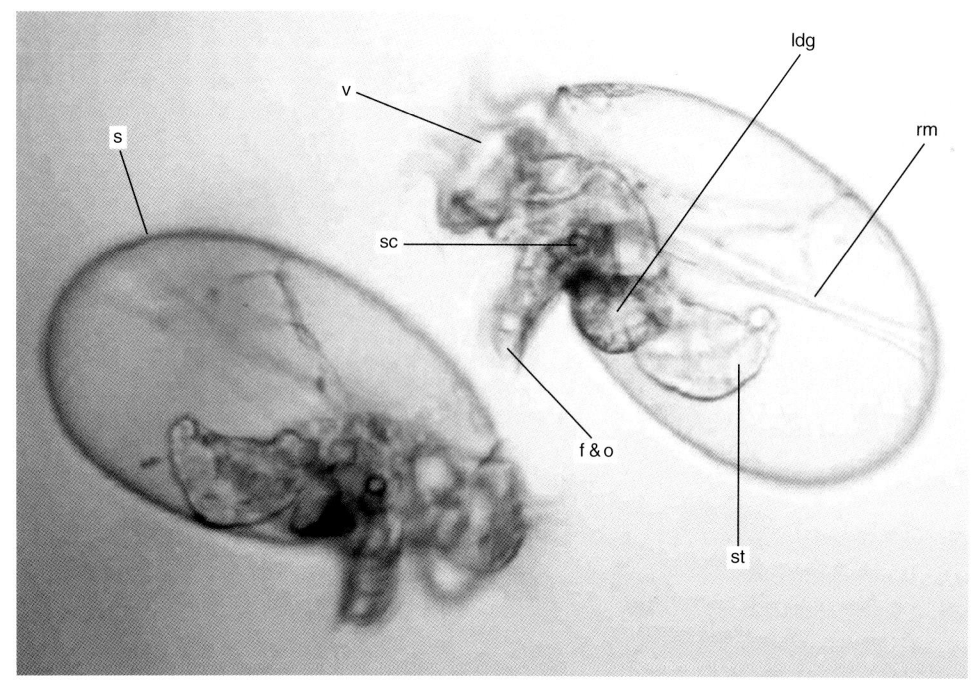

図B　２型プランクトン栄養幼生の顕微鏡写真（Jeff Goddard 提供）．(f) 足；(ldg) 左消化腺；(o) 蓋；(rm) 牽引筋；(s) 殻；(sc) 平衡胞；(v) 面盤もしくは遊泳用の繊毛列

の化学的な信号が海底への定着を誘発する．プランクトンのままでいる高いリスクに伴って，この分散様式は低い生存率をもたらす．持続可能な個体群を保つために，これらの種は数多くの卵を産むことがふつうである．予測されるように，1つの卵を生産するのに必要なエネルギーはこの幼生発達様式で最も低い．

図Aは，カリフォルニア産のイロウミウシ科の仲間 *Felimida macfarlandi* の孵化直後のプランクトン栄養の幼生を示している．1型プランクトン栄養幼生と呼ばれるこの幼生は，典型的なコイル状の殻を持っている．プランクトン幼生である間はずっと，成長と発達を続ける．

図Bは，カリフォルニア産のホリミノウミウシ属の仲間 *Eubranchus olivaceus* の孵化したての幼生の右側面と左側面を示す2型プランクトン栄養幼生と呼ばれるこれらの幼生は，典型的には卵型で大きな貝殻を持つ．この幼生は孵化時には完全にでき上っていて，着底するのに適した場所を探すのに十分な時間だけを浮遊して過ごす．

「直達発生」の幼生は浮遊期間を完全に欠いていて，食料源の上を這い回るミニチュアのウミウシとして直接孵化する．一部の種は，幼生は面盤と殻と蓋を備えた胎生ベリジャー期（embryonic veliger stage）として卵の中で発達し続ける．別の種では，こうした特徴的な面盤構造は退化しているか完全に消失している．これらの幼生はプランクトン栄養で分散する種よりはるかに高い生存率をもっている．その結果，直達発生の種

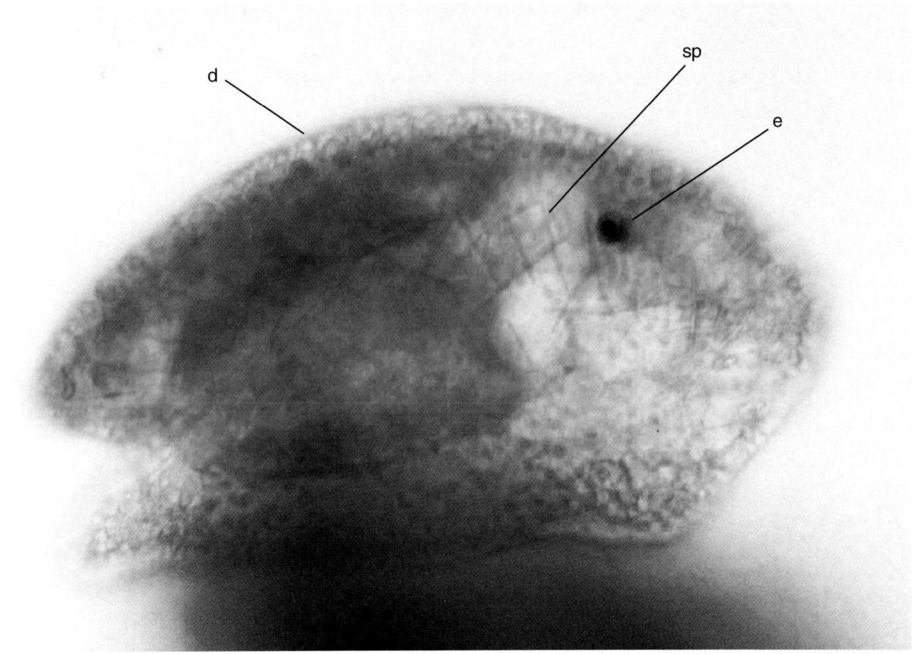

図C　直達発生幼体の顕微鏡写真（Jeff Goddard 提供）．（d）背側；（e）眼点；（sp）骨片

は少ないけれど大きな卵を産む傾向にある．

図Cは，直達発生種であるカリフォルニア産のダイダイウミウシ属の仲間 *Doriopsilla behrensi* の幼生を示す．殻を持たないことと，足で這う成熟したウミウシに似ていることに注意．

3つ目の幼生発達様式は，先に述べた2つの様式の特性を示し，「卵栄養型」と呼ばれる自由遊泳性で摂餌しない幼生を産生する．この3型卵栄養幼生は大きな卵から孵化し，プランクトン栄養のベリジャー幼生よりも発達していて，眼点や前縁のあるよく発達した足，幼体への変態のエネルギー源として必要なだけの卵黄蓄積を備えている．孵化直後に這ったり泳いだりできるのがふつうで，浮遊幼生期は通常数分から数日とたいへん短い．着底のために適切な化学信号が来ないと，変態がかなりの期間遅れることがある．変態が遅らされた場合に，幼生がプランクトンとして摂餌できる種もある．このように幼生が無摂餌から摂餌に転換することは「条件付プランクトン栄養」（facultative planktotrophy）と呼ばれる．

図Dは，メキシコ産のシャクジョウミノウミウシ属の仲間 *Phidiana lascrusensis* の孵化したての卵栄養型幼生を左側から見た図を示す．

ウミウシが採用している3つのタイプの幼生戦略のそれぞれの利点を比べたたくさんの研究や学術論文がある．しかしながら，利点と弱点の解析は複雑なことがあり，常に明白もしくは単純な結果になるわけではない．

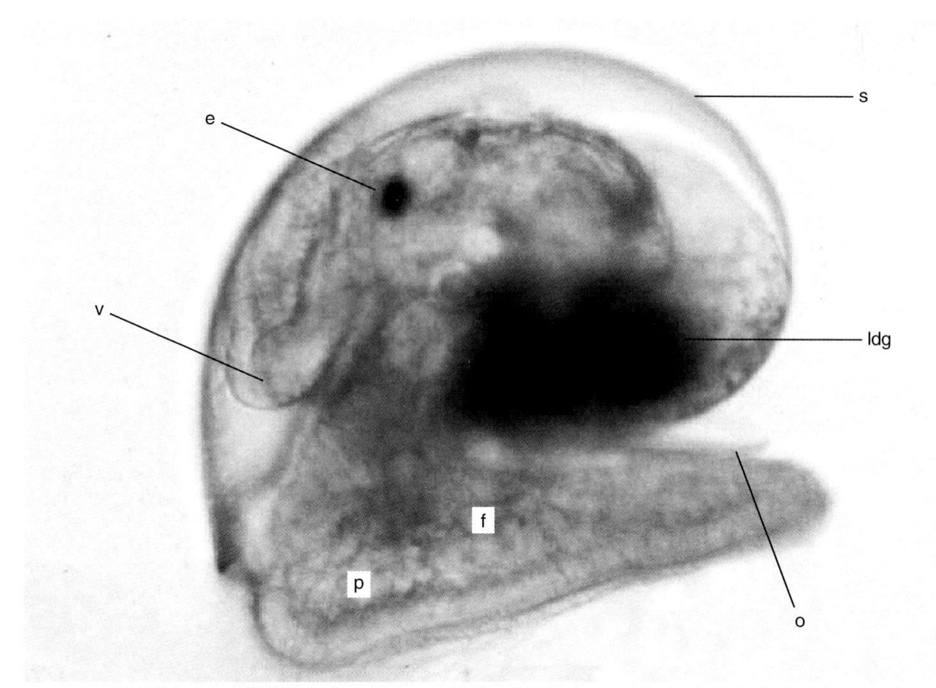

図D　3型卵栄養幼生の顕微鏡写真（Jeff Goddard 提供）．(e) 眼点；(f) 足；(ldg) 左消化腺；(o) 蓋；(p) 前足（腹足前端）；(s) 殻；(v) 面盤もしくは遊泳用の繊毛列

外洋における長い発生期間は，高い増殖率とあいまって，ベリジャー幼生種の地理的広域分散力を高めて，明らかな利点となる．しかし，捕食者にさらされる時間が長引いたり，不都合な環境条件を経験する機会が増えたり，餌探しという問題が常にあったりなどの不利益を考慮すると，このやり方は好ましくないように思えるかもしれない．好みの餌資源の上で成体のミニチュア版として生まれてくる直達発生型は，3つのタイプの中で最も有利に思われる．しかし，このタイプは繁殖力が低いことと分散が制限されるという明確な弱点をもつ．

卵栄養型種は，卵内に餌供給源を運搬していることと，捕食者のいる海域を漂って過ごす時間がかなり短くなることの二重の利点をもつ．この場合は，大きくて栄養に富む卵を生産するために多大なエネルギーを費やさなくてはならないという負担が両親にかかる．

防御

腹足類の体の外側の殻がだんだんとなくなっていったのを補うために，ウミウシはさまざまな洗練された防御戦略と行動を進化させた．このゆっくりとした過程によって，ウミウシは餌と配偶相手を求めて，敵に囲まれた世界へもより自由に出ていけるようになった．丈夫な外皮や埋めこまれた棘といった防御方法は基本的だが，有害な化学物質や刺胞を餌から獲得して，自分たち自身の役に立つように作り変える能力はたいへん精巧な適応である．

物理的防御

いくつかの科のウミウシは，捕食者に対抗する防御策を，硬い体や丈夫な外皮や不快な化学物質の分泌に頼っている．また，鰓や触角を保護するために大きな付属突起を発達させているウミウシもいる．

トウカムリ科など重い殻を持つ腹足類はウミウシの先駆者である

西太平洋産のドーリス類のタチアオイウミウシ *Notodoris serenae* では大きくて硬い突起が鰓を保護している

硬い体と丈夫な皮膚を持つキヌハダウミウシ属のシロボンボンウミウシ *Gymnodoris* sp.（左上），クロスジレモンウミウシ *Notodoris minor*（右上），モザイクウミウシ属の仲間 *Halgerda batangas*（左下），トサカイボウミウシ *Phyllidiopsis shireenae*（右下）

数種のドーリス類の背中には絨毛状突起（caryophyllidia）として知られる，骨片を含んだ小突起があり，トゲトゲした不快な感触を与えて，捕食者に食べられにくくしている．

ブチウミウシ *Jorunna funebris* の背中には骨片を含んだ瘤状の隆起が点在している（左上）．瘤状の隆起を拡大すると，表面から骨片が突き出ている（右上）．インド太平洋産のドーリスの仲間，カイメンウミウシ *Atagema intecta* には絨毛状突起がある（左下）．絨毛状突起には不快なガラスのような骨片が含まれている（右下）

酸分泌と他の化学的防御

酸やその他の不快な化学物質を獲得したり貯蔵したり分泌したりする能力は，多くの裸鰓類，アメフラシ類，ゼニガタフシエラガイ *Pleurobranchus* 属やシロフシエラガイ *Berthella* 属などの側鰓類に共通した生き残り方である．一般的に，毒を持つ種はその不快な味のしるしとして，警告色として知られる鮮やかな色彩パタンを示す．摂食抑制物質あるいは魚毒物質と呼ばれる化学的忌避物質は，狙った餌の鮮やかな警告を無視するようなまぬけな捕食魚の口や鰓に深刻なダメージをもたらす．

海洋動物の中で最も原始的なグループの1つであるカイメンは，その組織内に住みついている微小細菌群が作り出すよく発達した化学的・物理的撃退物質の莫大な蓄積によって，長きに渡る生存が支えられてきた．今日では，キンチャクダイやカワハギなどの高度に進化した一部のサンゴ礁魚だけがカイメン組織の消化に適応している．しかし，ウミウシは有害な影響なしにカイメンの組織を食べるように進化しているばかりか，カイメンという不老の動物の化学的防御物質を作り変える手段を進化させて，自分たちの防御用にわずかに分子構造を変え，その結果できた化合物を表皮や卵塊に蓄えている．

イボウミウシ類はイソシアン化セスキテルペンと呼ばれる酸でもあり毒でもある化学物質を生産している．セスキテルペンはコバンウミウシ *Asteronotus* 属でも見つかっている．地中海産の傘殻類の仲間，ジンガサヒトエガイ属の仲間 *Tylodina perversa* は餌であるカイメンの仲間 *Aplysina aerophoba* が生産した毒性の高い臭素化アルカロイドを蓄えている．

インド太平洋産のタヌキイロウミウシ *Glossodoris hikuerensis* やコイボウミウシ *Phyllidiella pustulosa* は，いじめられると乳白色の化学的忌避物質を分泌する

ほとんどのイロウミウシ科の体の外縁に沿って並んでいる腺構造は，食べたカイメンに由来する化学物質から得たまずい味の酸を生産している．外套膜腺として知られるこの腺は，白か黄色の斑点として外套膜の辺縁に現れ，体の縁が半透明な種では特に顕著

インド太平洋産のイガグリウミウシ *Cadlinella ornatissima* の酸分泌腺は外套膜の縁に沿って小さな白い瘤として現れる

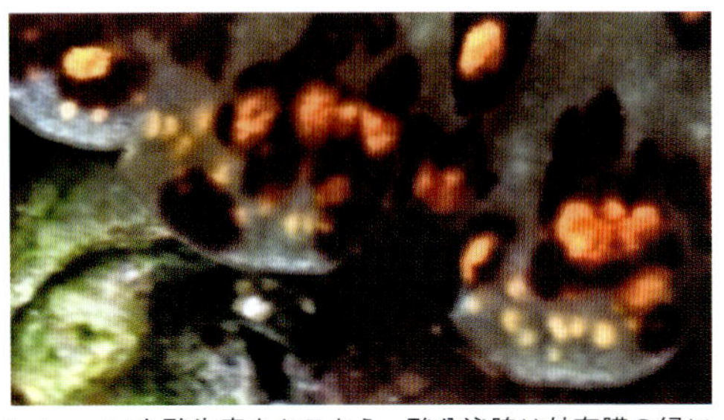

タイ産の美しいミスジアオイロウミウシ属の仲間 *Chromodoris naiki* も酸生産をおこなう．酸分泌腺は外套膜の縁に沿って黄色い点として現れる

である．

ドーリス亜目のニシキウミウシ *Ceratosoma* 属の一部の種は，カイメン由来の毒を，鰓のわずか上方にあって体の後方へと曲がっている長い肉質の角状構造の中に濃縮させている．この角状の突起は攻撃されやすい鰓を守っているだけでなく，襲われたときには不快な味の食物片としてもはたらく．

インド太平洋産のニシキウミウシ *Ceratosoma trilobatum* は，鰓を守るフックの先に酸分泌腺を持つ

カリフォルニア産シロタエミノウミウシ属の仲間 *Tenellia hamanni* は背面突起上にある腺からまずい味の化学物質を分泌する（左）．西太平洋産のオオコノハミノウミウシ *Phyllodesmium longicirrum* は，餌のウミキノコ *Sarcophyton* 属から化学的忌避物質を生産する（右）

多くのミノウミウシ類は，背面突起（後述）の中に蓄えている刺胞に加えて，まずい味の物質を防御のために表皮細胞から分泌する．シロタエミノウミウシ *Tenellia* 属の各種は，背面突起の表面に分泌腺を点在させている．

ミノウミウシの仲間のオオコノハミノウミウシ *Phyllodesmium longicirrum* は背面突起には刺胞を欠いているが，餌であるウミキノコ *Sarcophyton* 属のソフトコーラルから得た，毒性はないが不快なジテルペン・トロケリオフォロール（diterpene trocheliophorol）を魚除けとして蓄積している．アメフラシ類の組織に蓄積された脂質やステロールや糖タンパクなどの有害な化学物質は，餌の藻類から得た複雑な色素から変換されていることが明らかになった．これらの化合物を，アメフラシがいじめられたときに出す紫や白の汁と混同してはいけない．一部のアメフラシはリボン状卵塊の中にも毒性化学物質を蓄積している．興味深いことに，アメフラシを生で食べたフィジー人は下剤作用を経験している．

刺胞による防御

さまざまなミノウミウシ類は，防御に有害化学物質を利用するよりも，ヒドロ虫，アナサンゴモドキ，イソギンチャク，サンゴなどを含む刺胞動物門の動物の組織から摂取した刺胞と呼ばれるごく小さな刺すカプセルを使っている．刺胞動物は，この印象的な武器を防御と餌を捕まえる助けの両方に使用している．たいていのダイバーは，ヒドロ虫やアナサンゴモドキに地肌が触れた経験から刺胞の刺す作用をよく知っている．刺胞は，毒が仕込まれた銛が先端についた，しっかりと巻かれた繊維を含んでいる．引き金がひかれると，すごい速さでカプセルが飛び出して，餌や捕食者に絡まって毒を注入する．

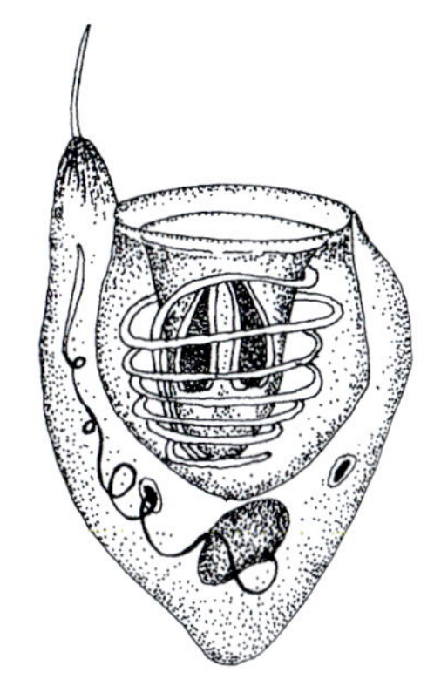
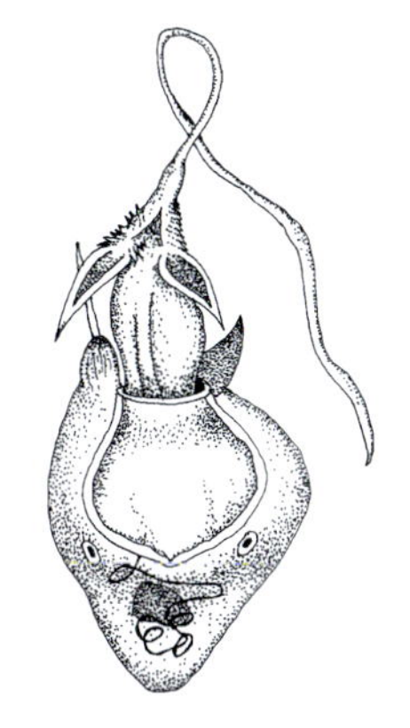

未使用の刺胞には髪の毛のような引き金が付いている（左）．発射された刺胞（右）

背面突起に刺胞を持つアデヤカミノウミウシ *Coryphellina exoptata*（左）とヨツスジミノウミウシ科の *Jason mirabilis*（右）

刺胞に刺されたハゼの仲間（blackeyed goby）はミノウミウシを吐き出した

ウミウシはどのようにして強力な刺胞の餌食になることなく刺胞動物を食べることができているのだろうか？　実際には，ミノウミウシ類は刺胞カプセルを起動させているのだが，毒に対して耐性を持っているのだ．刺胞動物の組織を食べているときに，まだ発射できない発達中のカプセルも餌の一部として摂取される．そうした刺胞は，それぞれの背面突起の先端にある刺胞嚢とよばれる構造体へと運ばれる．刺胞嚢は消化器系に直接つながっている．未成熟な刺胞は，宿主の刺す防御策として有効になるまでそこで成熟し続ける．

遊泳防御

拘束的な腹足類の殻に邪魔されなくなると，泳ぐ能力を発達させたウミウシがいる．ほとんどの例では，泳ぐことはもっぱら逃避の手段として使われているように思われる．ほとんどの泳ぐウミウシは海中をぎこちなく動くが，一部には驚くべき距離を効率的に泳ぐことができるウミウシもいる．

側鰓類やドーリス類，スギノハウミウシ類には泳ぐウミウシがいる

太平洋産のスギノハウミウシ属の仲間 *Dendronotus iris*（左）やオーストラリア産の頭楯類ムラサキウミコチョウ *Sagaminopteron ornatum*（右）は見事な泳ぎ手である

警告防御行動

威嚇行動とも呼ばれる警告防御行動は，ある動物がその潜在的な捕食者を驚かせるために，脅かすようなポーズをとるか思いがけない振る舞いをしたときに起こる．たとえば，多くのミノウミウシ類は脅かされたときに攻撃者に向けて背面突起を立てたり広げたりする．背面突起をコイル状に巻いたままにしておいて，必要なときにまっすぐに伸ばして逆立てようと備えている種もある．カラフルなニイニイミノウミウシ *Moridilla* 属の一種は脅かされたとき，体の正中線上にある大型で巻かれた背面突起を敵の方向へと伸長させる．

北太平洋産のエムラミノウミウシ *Hermissenda crassicornis*（左）が近づいてくる同属のミノウミウシに向けて背面突起を逆立てて威嚇行動をおこなっている

日本産のアカエラミノウミウシ *Sakuraeolis enosimensis* が威嚇行動として背面突起を逆立てている

カリフォルニアやコルテス海産のジャンボアメフラシ *Aplysia californica* はいじめられると紫汁を出す

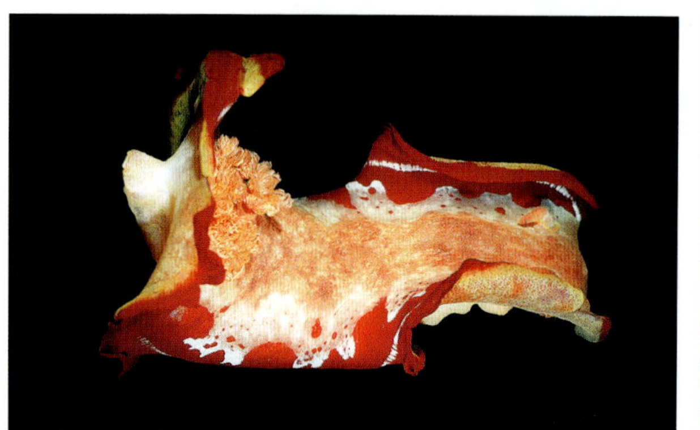

スパニッシュ・ダンサーと呼ばれるミカドウミウシ *Hexabranchus sanguineus* は，脅かされたときに泳いで逃げるだけではなく，追って来る捕食者を驚かせるために体の背面の鮮やかな赤や黄色や白の模様をちらつかせる

多くのアメフラシ類は，いじめられると紫色の汁を厚い雲状に放出する．アメフラシ類の紫汁放出能力と，より高等な軟体動物であるイカやタコの墨汁防御との間に直接的な進化的関連性があるはずだと信じている科学者たちもいる．しかし，高い運動性を持つイカやタコがすばやく逃げようとして墨の曇りを煙幕に使うのとは異なり，アメフラシは似たような速さで逃げることはできない．それにもかかわらず紫汁を出すのは，少なくとも威嚇行動ではあるだろう．アメフラシ *Aplysia* 属の一部は，紫色の汁ではなく，外套膜にあるオパール腺から乳白色の物質を分泌する．

発光と生物発光防御

発光能力はウミウシにおいて広く見られるわけではない．実際，たった2属だけがその能力を示している．脅かされたときにドーリス類のヒカリウミウシ *Plocamopherus* 属は，対になった乳頭状突起（先端が塊状に膨らんでいることが多い）や体側に並んだパッチから閃光を発する．光を生み出しているのが発光細菌によるものなのか何か他のメカニズムなのかはいまだにわかっていない．ウミウシが苦しんでいるときにだけ光が発せられることから，このディスプレイは防御メカニズムであると思われる．この生物学的過程が進化の初期段階にあるのか，それとも適応上の有利性に乏しくなったのちに廃れたものなのかはわかっていない．外洋性のスギノハウミウシ類であるコノハウミウシ *Phylliroe* 属も光を出すことが報告されている．

ヒカリウミウシ *Plocamopherus* 属の発光器は体側に沿った小突起の上にある（左）．クメジマヒカリウミウシ *Plocamopherus margaretae* の発光腺の拡大写真（右）

自切防御

自切は，攻撃してくる捕食者を混乱させようあるいは惑わそうとして体の一部や付属肢を反射的に切り離すことである．この防御行動にとりわけ熟達したウミウシもいる．何種かのドーリス類やチギレフシエラガイ *Berthella martensi* などの側鰓類は，危害を加えられると外套膜の一部を切り捨てる．チギレフシエラガイの外套膜を囲う茶色の線

側鰓類のチギレフシエラガイ *Berthella martensi*（左）やカメノコフシエラガイ *Pleurobranchus peronii*（右）では矢印で示した部分で外套膜がちぎれる

熱帯域に広く分布する外洋性のアオミノウミウシ *Glaucus atlanticus* は背面突起に刺胞を蓄えているが，自切防御としてミノを切り捨てることもある（上）．背面突起の一部を捨てた後のインド太平洋産のマエダカスミミノウミウシ *Cerberilla annulata*（下）

は，外套膜がどこで切り離されるかの境界を明確に示している．

何種かのミノウミウシ類は，いじめられると背面突起を捨てる．いくつかの例では，切り離されたばかりの背面突起はピクピクと動き，時にはネバネバした物質に覆われていることもあって，捕食者をさらに惑わせている．以前は，刺胞を蓄えていない種だけが自切をおこなうと考えられていた．しかし現在では，外洋性のアオミノウミウシ *Glaucus atlanticus* など，いくつかの刺胞貯蔵種も攻撃されると背面突起を捨てることが知られている．

スギノハウミウシの仲間のメリベウミウシ *Melibe* 属は，攻撃されたときに鰓構造の一部を切り離すことがよくある．切り離された部分はネバネバした物質を分泌してフルー

いくつかの鰓構造を自切したインド太平洋産のムカデメリベ *Melibe viridis* これらの構造はすぐに再生される

カリフォルニア産のタテジマウミウシ類のアケボノウミウシ属の仲間 *Dirona picta* が最近自切した鰓構造を見せている

東太平洋産の嚢舌類のカンランウミウシ属の仲間 *Polybranchia viridis* は，襲われると注意をそらすために背面突起を切り捨てる

熱帯西大西洋産の嚢舌類のナギサノツユ属の仲間 *Oxynoe antillarum* は襲われると長い尾部を切り離す

ティーな香りを放つ．タテジマウミウシの仲間のコヤナギウミウシ *Janolus* 属も襲われたときに鰓構造を切り落とす．ナギサノツユ *Oxynoe* 属の嚢舌類はすぐに再生される尾部や側足を自切する．カンランウミウシ *Polybranchia* 属やキマダラウロコウミウシ *Cyerce* 属の嚢舌類は平たくて大きく，色鮮やかなことが多い背面突起を切り落とすことができる．

体色，カムフラージュ，擬態

カムフラージュの目立たない色合いをしていようと，さまざまな色の染みや縞模様や斑点で派手に飾られていようと，ウミウシはほとんど地球上のどのグループの動物よりも自然の色彩パレットにより深く浸されている．

多くのウミウシは派手な体色と模様をもっている．オーストラリア産のミアミラウミウシ *Miamira magnifica* はその顕著な一例である

ウミウシの鮮やかで特徴的な体色は，種の識別を容易にしていると広く信じられていたことがあった．ウミウシは形，ましてや色を識別できないと明らかになると，この考えはすぐに捨て去られた．ではなぜ色彩適応はウミウシの進化や多様化にそれほど重要な役割を果たしたのか，と問われるかもしれない．その答えは，重いけれども守ってくれる腹足類の殻をウミウシの進化の過程で失ったことに由来する．伝統的な防御策を失ったことに伴って，柔らかい体の動物は生き残るために代替戦術に頼ることを強いられた．長い年月の間に，殻のない腹足類は，化学的防御の秘められた蓄えを宣伝するために派手な色彩をふんだんに使うことも含めて，生き残るためのあらゆる手段を獲得した．

特徴的な体色

インド太平洋産のヨセナミウミウシ *Miamira sinuata* には緑から赤まで体色変異がある：同定の鍵は体色ではなく，網目模様である

色彩変異

多くのウミウシは体色や斑紋に幅広い変異を示し，それによって誤同定を招くことがよくある．この理由から，海中ナチュラリストが種を同定しようとして体色や基本的な斑紋パターンだけに頼るのは注意しなくてはならない．正しい同定には，体の形や質感，鰓や触角の違いや体の斑紋の微妙な変異などの付加的な手がかりに頼ることが多い．ときには，外套膜の縁の細い縞模様や背面突起の先端の色といった些細に思える特徴が種を同定する唯一の鍵となることもある．

カリブ産の美しいイロウミウシ科の仲間 *Felimida clenchi* には，体色と斑紋に幅広い変異がある．揺るぎのない同定の手がかりは，背中にある不規則な形の紫色の領域を囲んでいるネットワーク状の黄金色の線である．この種は見かけがよく似た西大西洋種のミスジアオイロウミウシ属の仲間 *Chromodoris binza* や地中海産の *Chromodoris britoi* と混同されてきたことで問題が難しくなっている．

カリブ海産のイロウミウシ科の仲間 *Felimida clenchi* の変異のいくつか

カリブ海でよく見られる嚢舌類のレタスウミウシ *Elysia crispata* は，さまざまな衣装をまとう．それぞれの写真は同じ種である．同定の鍵は体側にある大きな白っぽい斑点とレタスのような背中のフリルである

同様に，インド太平洋産のキイロイボウミウシ *Phyllidia ocellata* にはいくつかの体色変異がある．黄橙色の触角と外套膜上の瘤状突起のいくつかの周りを囲む幅広の黒い縁取りが種の同定の決め手になる

カムフラージュの色と形態

防御用の殻の重荷なしであってもなおウミウシはすばやさとは程遠い．このハンディキャップは，開けた場所で餌を食べる必要と合わせて，この小さな動物を捕食者にたやすく襲われやすくしている．背景に溶け込む体色を進化させることは，隠蔽的なあるいは混乱をもたらす体色として知られる生存戦略で，多くの種できわめてよく機能している．カムフラージュとしてウミウシを覆うのは，海底の環境に調和しがちな落ち着いたアースカラーと緑色を混ぜたものになることが多い．こうした例には，アメフラシ *Aplysia* 属，タツナミガイ *Dolabella* 属，ビワガタナメクジ *Dolabrifera* 属などのアメフラシ類，スギノハウミウシの仲間のメリベウミウシ *Melibe* 属の数種，ドーリス類の数種などが含まれる．

ジャノメアメフラシ *Aplysia argus*（左上），スギノハウミウシ類のホクヨウウミウシ属の一種 *Tritonia* sp.（右上），ツヅレウミウシ科の一種 *Otinodoris* sp.（下）はすむ場所の海底によく溶け込んでいる

隠蔽的な種が全て冴えない色をしているわけではない．ドーリスの仲間の隠鰓ウミウシ類の一部の種は餌にしている被覆性カイメン類の鮮やかな色に合わせることでカムフラージュしている．ほとんどの側鰓類は夜間に摂餌するが，熱帯東太平洋産の傘殻類ジンガサヒトエガイ属の仲間 *Tylodina fungina* は，餌である *Verongia* 属のカイメンの輝くような黄色に合わせることによって，昼間の捕食者から丸見えのところで安全に餌を食

共にカリフォルニア産のイソウミウシ属の仲間の *Rostanga pulchra*（左）と傘殻類のジンガサヒトエガイ属の仲間 *Tylodina fungina*（右）は，それぞれの餌のカイメンの色によく似ている

べている．これらの明るい色のウミウシは偽装にすっかり依存していて，餌の供給源からめったに離れず，摂餌場所に色が一致した卵塊を生む．

保護的類似として知られる高度な隠蔽戦略を採用している種は，他の動物の体色や斑紋や形態に著しくよく似せている．ウミウシは，この戦略の最も驚くべきいくつかの例となっている．そのよい例が熱帯太平洋域で最も貴重なウミウシの1つにあたるアレンウミウシ *Miamira alleni* である．サンディエゴ在住の Jerry Allen 氏によって最初に撮影され，後に分類のために採集された．

アレンウミウシ *Miamira alleni* の背中にある背の高い瘤状の突起はポリプを引っ込めたソフトコーラルの塊に似ている

南オーストラリア産のスギノハウミウシ類のメリベウミウシ属の仲間 *Melibe australis* はホヤの群体によく似ている

伝えられているところでは，ハゼの撮影が大好きなJerryが，小さなハゼが姿を消した穴から出てくるのを根気よく待ちながら海底にへばりついていると，突然レンズの前にソフトコーラルのかけらが動いてきたように思ったそうだ．Jerryは平然としてそのソフトコーラルの写真を撮り，そしてハゼの穴に再び注意を向けた．Jerryの撮った這うソフトコーラルから薄層状の触角と枝分かれした羽毛状の鰓が伸びていることに誰かが気づいたのは，帰宅してから撮った写真を友人たちと一緒に見ていたときだった．次にその場所を訪れたときに，Jerryは標本を採取して研究者に送った．その数年後，新発見であるアレンウミウシ *Miamira alleni* はウミウシ学の記録に仲間入りした．

オーストラリア南部の温帯域に生息するメリベウミウシ属の仲間 *Melibe australis* は，保護的類似のもう1つの顕著な例を示している．この部分的に半透明な種は，体色も形

パプアニューギニア産のウメガエミノウミウシ *Myja longicornis* は，餌であるベニクダウミヒドラ *Tubularia* の仲間にあまりもよく似ているので，この種がなぜ最近になるまで発見されなかったのか理解できる

態もたいへん変異に富んでいる．その１つのタイプは，ホヤの群体を巧みに真似ることで，開けた海底でより安全に餌である小さな甲殻類を探し回れるようになっている．

何種かのミノウミウシ類は，印象的な保護的類似の例となっている．パプアニューギニア産のウメガエミノウミウシ *Myja longicornis* は，ヒドロ虫の群体によく似ている．その偽装があまりにも見事だったので，この種は最近になってようやく発見された．クセニアミノウミウシ *Phyllodesmium* 属の２種は，餌であるウミアザミ *Xenia* 属のソフトコーラルに見かけがそっくりで，見つけるのがきわめて難しい．ヤコブセンミノウミウシ *Phyllodesmium jakobsenae* の背面突起は，ソフトコーラルのポリプの見かけに完全に

近づいてみなければ，擬態しているウミアザミ *Xenia* 属のソフトコーラルの上にいるインド太平洋産のヤコブセンミノウミウシ*Phyllodesmium jakobsenae* は見つからない

フィリピン産のラドマンミノウミウシ *Phyllodesmium rudmani* はウミアザミ *Xenia* 属の群体のように見えて，滑らかな触角だけが正体を漏らしている．驚いたことに，２種のウミウシが違ったやり方で同じ種に擬態している

一致していて，一方，ラドマンミノウミウシ *Phyllodesmium rudmani* はウミアザミの群体全体にあまりによく似ているので，動いているのを見ない限りはウミウシだと決して気づかないだろう．

多くの隠鰓ウミウシ類とカメノコフシエラガイ科の側鰓類の一部は，餌のカイメン類に体色ばかりでなく質感まで似せることによって保護を得ている．出水孔（大孔）と呼ばれるカイメン類の開口部に似た円形の模様まで背中に備えた種さえいる．

マーシャル諸島産のカスミハラックサウミウシ *Hallaxa cryptica* は餌のカイメンに完全に一致している

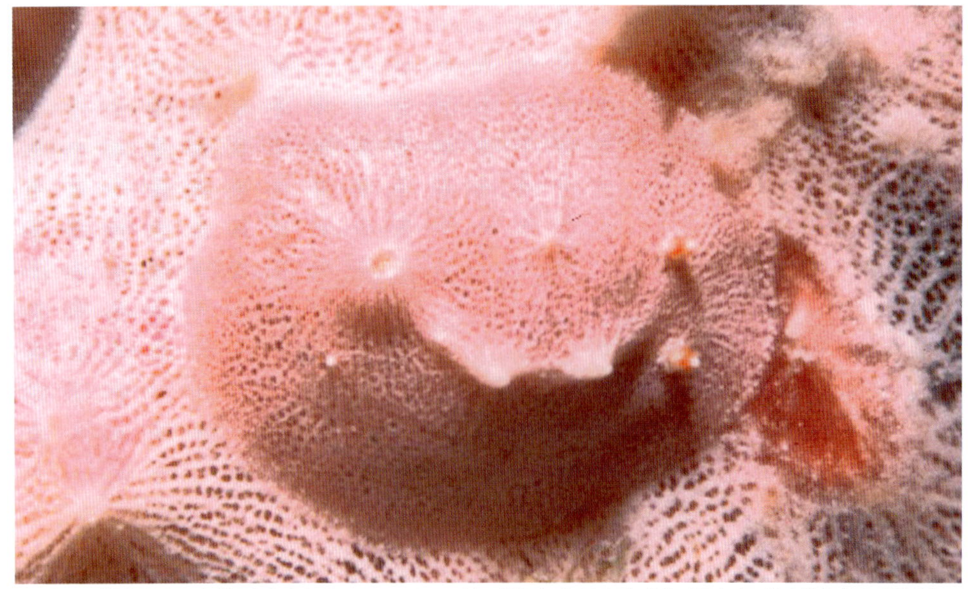

マーシャル諸島産のワタグモウミウシ *Chromodoris* sp. は，餌のカイメンに色だけではなく，出水孔も含めて質感も一致させて完璧に欺いている

コランベ科（Corambidae）の一部のウミウシの平たい体と体色は，餌にしている群体コケムシの個虫のパターンとよく一致している．カリフォルニア産のラメリウミウシ上科の仲間 *Corambe pacifica* と *Corambe steinbergae* は，コケムシの群体にあまりによく似ているため，経験を積んだ生物学者でさえも見つけるのが難しい．

一部のミノウミウシ類は，餌にしているイソギンチャクやサンゴ，ヒドロ虫の背面突起のような触手に，体色や形態を完璧に似せている．カリフォルニアでは，オオミノウミウシ *Aeolidia papillosa* が，ヒダベリイソギンチャク *Metridium senile* やカリフォルニアイソギンチャク *Anthropleura elegantissima* など，餌にしている多くのイソギンチャクに扮している．多くの嚢舌類は，食べている海藻によく似ている．

ヒラハコケムシ属の一種 *Membranopora* sp. の上にいるカリフォルニア産のラメリウミウシ上科の仲間 *Corambe pacifica*（左），オオミノウミウシ *Aeolidia papillosa* とその餌のカリフォルニアイソギンチャク *Anthropleura elegantissima*（右）

ソロモン諸島産の未記載の嚢舌類はイワヅタ *Caulerpa* 属の海藻（海ぶどう）の房に似ている

警告色　—私を覚えている？—

のろまで柔らかい体のウミウシが腹を空かせた捕食者たちが待ち構える危険な世界に乗り出そうとするとき，目立つ体色は一番避けたいもののように思えるかもしれない．しかし，噛みつかれてからようやく働く密かな防御策を身につけているのなら，前もって武器を宣伝する方が賢明だろう．そこで，きらびやかな人目に付くコートは潜在的な捕食者に警告のメッセージを伝えるための選り抜きの装いとなった．生物学者はこのような警告を促す色を警告色と呼んでいる．

ある研究者が，鮮やかな体色がある動物種に保護的な利益をもたらしていると認められるための4つの基準を提案している．1）その動物は鮮やかな体色でなくてはならない．2）その動物は，不味くなくてはならない．すなわち，有害な化学物質を分泌するか，刺

このインドネシア産のリメナンドラ属の仲間 *Limenandra barnosii* は風変わりな体色を見せている

インドネシア産のミアミラウミウシ *Miamira magnifica*（左）とフィリピン産のオオアカキヌハダウミウシ *Gymnodoris aurita*（右）

胞を持つか，あるいは何か他の化学的または物理的撃退策を持つかである．3) 捕食者はその動物への攻撃を避けなければならない．4) 鮮やかな体色が隠蔽的な体色よりもよりよい保護を与えていなければならない．残念ながら，最後の2つの基準は評価が難しい．

ドバイ産のアオウミウシ属の仲間 *Hypselodoris dollfusi*（左）とインド太平洋産のクロスジレモンウミウシ *Notodoris minor*（右）

インドネシア産のレンゲウミウシ *Mexichromis multituberculata*

ブリティッシュコロンビア産のアケボノウミウシ属の仲間 *Dirona aurantia*（左）と カリフォルニア産のフサツノミノウミウシ属の仲間 *Noumeaella rubrofasciata*（右）

警告色仮説は，多くの研究でウミウシに関して検証に成功している．そのいくつかは，捕食魚がいる前で生物学者が海中に鮮やかな体色のウミウシを投入するという簡単な野外実験である．それぞれの実験で，魚は海中のウミウシにすぐに近づいてきて，近くでじっと見てそのまま放っておくか，あるいは，より多く見られた例は，ウミウシを飲み込んで直ちに吐き出すかのどちらかであった．前者の例では，その魚は以前の遭遇からこうした鮮やかな体色の動物が不味いことを学んでいた．後者のグループの魚は，おそらく初めてか二度目のウミウシとの不快な遭遇の経験だったのだろう．

コントロールされた室内水槽実験によって，魚は鮮やかな体色の警告色の動物を避けることが実証されている．さらに，鮮やかな体色のウミウシに擬態している他の無脊椎動物が受ける利益も確認されている．こうした研究では，数種類のサンゴ礁魚が，実験対象の警告色ウミウシが通常見られない海域から採集されている．これは，捕食魚が見慣れない対象物を避けたのは警告色のためだけで，特定の種への慣れのためではないことを調べようとしておこなわれた．野外実験と同じく，一部の魚は鮮やかな警告色に明らかに反応して，ウミウシを食べようとしなかった．ウミウシを食べようとした魚はすぐに吐き出した．その後の観察では，魚がウミウシを食べようとしたのは，ウミウシを避け始める前の一回か二回だけだったことがわかっている．ウミウシに擬態したヒラムシなど他の動物を投げ入れると，魚はウミウシと同じように避けていた．

カリフォルニア産のコヤナギウミウシ属の仲間 *Janolus barbarensis*

インドネシア産のガブリエラウミウシ*Tambja gabrielae*（左）と西太平洋産のオトヒメウミウシ*Goniobranchus kuniei*（右）

太平洋産のツツイシミノウミウシ *Babakina festiva*（左）とカリフォルニアからメキシコに分布するイロウミウシ科の仲間 *Felimare porterae*（右）

擬態

擬態は，ある生物が淘汰上の利益を得るために，他の生物との表面的な類似性を進化させたときに生じる．研究者によってベイツ型擬態とミュラー型擬態の二種の擬態が確立されている．これらを，カムフラージュのための擬態（保護的類似）と混同してはいけない．

カリフォルニア産の端脚類（ヨコエビ）はサキシマミノウミウシ科の仲間 *Orienthella trilineata* をモデルに擬態している

ベイツ型擬態は，ヴィクトリア時代の探検家で珍しい動物の収集家でもあったヘンリー・ベイツ（Henry Bates）の発見にちなんで名づけられた．ウミウシでは，この戦略はふつう，鮮やかな体色で不快な味か有毒な防御特性を持つ「モデル」種と，大きさや体色や形が似ていて食べられる「擬態」種が関係している．捕食者は，警告色のために擬態種を避ける．ウミウシ以外の動物に擬態されるウミウシの例は数多く存在する．私の知る限り，逆にウミウシが擬態している例はない．しかし，無毒の食べられるウミウシに擬態される有毒のウミウシはいるかもしれない．それは，時間と将来の研究によってわかるだろう．

ニセツノヒラムシ属の仲間 *Pseudoceros imitatus*（左）とウミウサギガイ *Ovula ovum* の幼体（右）はタテヒダイボウミウシ *Phyllidia varicosa*（上）に擬態している

インド太平洋産のフリエリイボウミウシ *Phyllidia picta*（左）とクロテナマコ *Bohadschia graeffei* の幼体（右）は，ほとんど同じ体色と質感を身につけている

3種の未記載種間の興味深い体色の一致の例：クロシタナシウミウシ属の一種 *Dendrodoris* sp.（上），コイボウミウシ属の一種 *Phyllidiella* sp.（左），ナマコの仲間（右）

ウミウシとウミウシとは無関係の海洋動物との間のみごとなベイツ型擬態の例が，2種のミノウミウシとそれに著しく似た体色を示す端脚類（ヨコエビ）とが共存しているカリフォルニアの海で見られる．この例では，ミノウミウシの背面突起の先端にある刺胞が防御の仕組みとしてはたらいている．食べられる擬態ヨコエビは，急な動きをして偽装をばらさない限りは，保護を得ていると考えられている．

熱帯の海では，無毒なヒラムシや有殻の腹足類，さらにはナマコにまで擬態されているウミウシの例がいくつか存在する．その例の1つは，モデルである酸を分泌するドーリス類のタテヒダイボウミウシ *Phyllidia varicosa* と，それに擬態しているらしいニセツノヒラムシ属の仲間 *Pseudoceros imitatus* やウミウサギガイ *Ovula ovum* の幼体で，たいへんよく似ている．

酸を分泌するタテヒダイボウミウシ *Phyllidia varicosa*，ソライロイボウミウシ *Phyllidia coelestis*，フリエリイボウミウシ *Phyllidia picta* の3種のイボウミウシ類は，食べられるクロテナマコ *Bohadschia graeffei* の幼体に擬態されていて，ベイツ型擬態の別の例となっている．それらのウミウシのように，このナマコの幼体は青みがかった灰色の体で，黒い縦縞と黄色い疣がある．体色パターンの類似はクロテナマコが（3種のウミウシの最大長である）体長10センチを超えるまで残る．そののち，ナマコは成体の灰色へと変化する．幼体でよく見られる先の尖った大きな疣は，やがて完全に消失する．

明らかに，餌食にされやすい幼体は，捕食者に簡単に食べられてしまわないほど大きくなって分厚い表皮を持つまで，保護を得ている．

ミュラー型擬態は，似たような警告色のパターンを共有する有毒な種に関わる防御戦略である．この様式の擬態は，ドイツの動物学者フリッツ・ミュラー（Fritz Muller）にちなんで名づけられた．これは「数は力だ」戦略である．つまり，似た体色の有害か不

カリフォルニア産のハナサキウミウシ属の仲間 *Triopha catalinae*（左），ヤグルマウミウシ属の仲間 *Crimora coneja*（中），カンザシウミウシ属の仲間 *Limacia cockerelli*（右）

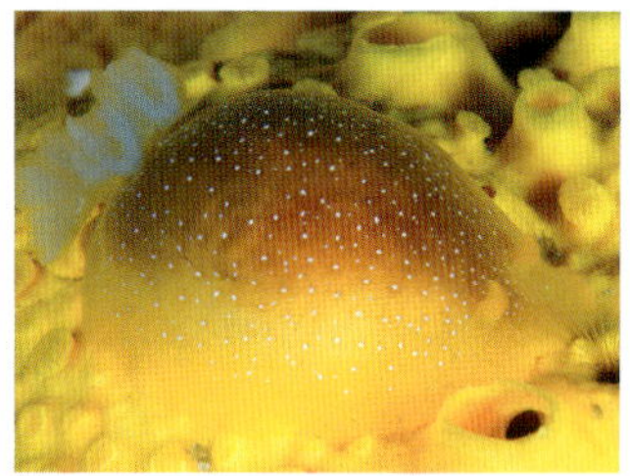

ダイダイウミウシ属の仲間 *Doriopsilla albopunctata*（左）と *Doriopsilla gemela*（中），ツヅレウミウシ科の仲間 *Baptodoris mimetica*（右）

インド太平洋産のマダライロウミウシ *Risbecia tryoni*（左），オトヒメウミウシ *Goniobranchus kuniei*（中央），ヒョウモンウミウシ *Chromodoris leopardus*（右）

インド太平洋産のチシオウミウシ属の仲間 *Aldisa andersoni*（左）と *Aldisa erwinkoehleri*（右）

キイロイボウミウシ *Phyllidia ocellata*（左）とニセツノヒラムシ属の一種 *Pseudoceros* sp.（右）

ツブツブコイボウミウシ *Phyllidiopsis fissurata*（左）とニセツノヒラムシ属の仲間 *Pseudoceros imitatus*（右）

味い味の動物が同じ環境に多くすんでいるほど，誰かが味見されてしまう機会は少なくなるのである．どの動物も他者より大きい利益は得ていないので，モデルと擬態にラベル分けすることは必要ではない．ウミウシの中には，ミュラー型擬態の例はたくさんある．

ミュラー型擬態は，2種かそれ以上のウミウシの間だけでなく，他の動物群との間にも見られる．たとえば，多くのヒラムシは警告色を示し，脅かされたときに有害な化学物質を放出する．ダイバーは，見かけが似ていることからヒラムシとウミウシをよく混同する．実際には，この両者はまったく異なる動物である．ヒラムシは扁形動物門に属する原始的な動物で，体が葉のようでウミウシよりも薄い．ヒラムシがウミウシに似ているのは，鮮やかな体色パターンと体の大きさだけである．ヒラムシが葉のように薄っぺらで脆いのに対して，ウミウシはもっと頑丈でしっかりした動物だということを覚えておけば，この混同は解決できる．

ドーリス類のウミウシとヒラムシとの擬態の例はたくさんある．生物学者が有毒であると示したヒラムシはわずかだが，おそらくはるかに多くの有毒種がいるだろう．インド太平洋産のドーリス類とヒラムシとの間の擬態の例を次にあげる．ミュラー型擬態なのかベイツ型擬態なのかはどの例でもわかっていない．

ベイツ型擬態とミュラー型擬態は相互に排他的ではない．実際，それらは擬態とモデルとの間に想定される関係の両極端を表したものである．私たちがベイツ型擬態あるいはミュラー型擬態と呼ぶことにはほとんど科学的な根拠はなく，まったくの偶然の一致に過ぎないことも指摘しておくべきだろう．しかし，類似を推し進める淘汰上の力は働いているようだ．多くの状況証拠は，一方あるいは双方に利益があることを示している．もちろん，そうした偽装に関わっているどの動物も，自分のそっくりさんが存在していることさえ知る由もない．

キカモヨウウミウシ*Goniobranchus geometricus*（右）とニセツノヒラムシ属の一種*Pseudoceros* sp.（左）

ハスイロウミウシ *Goniobranchus preciosus*（左）とニセツノヒラムシ属の一種 *Pseudoceros* sp.（右）

インド太平洋のキイロウミウシ *Doriprismatica atromarginata*（左）とニセツノヒラムシ属の一種 *Pseudoceros* sp.（右）

インド太平洋産のクロシオイロウミウシ *Chromodoris* sp.（左）とニセツノヒラムシ属の一種 *Pseudoceros* sp.（右）

頭楯目のゲンノウツバメガイ *Chelidonura varians*（左）とニセツノヒラムシ属の仲間 *Pseudoceros sapphirinus*（右）

メキシコの太平洋岸産の頭楯目カノコキセワタ科の仲間 *Navanax polyalphos*（左下）とアオウミウシ属の仲間 *Hypselodoris ghiselini*（右下）とニセツノヒラムシ属の仲間 *Pseudoceros bajae*（上）は互いに擬態しているように思われる

他の動物との関わり

1 対のウミウシカクレエビ *Periclimenes imperator* が，マダライロウミウシ *Risbecia tryoni* の背中にヒッチハイクしている

共生

海洋の生物は，生存のために種間で果てしない競争をしていると表現されることがよくある．このことはもちろんある程度正しいのだが，多くの動物は競争するよりも相互に利益のある関係で共に暮らすことを学んでいる．**共生**とは，種間の近しい関係を指す．共生には，大きく分けて３つのタイプがある．**相利共生**―2 種の生物が互いの繁栄のために同盟を結ぶこと（これだけが共生の真の形であるとして，2 つの言葉を同義に使う研究者もいるが，ここではその見方を取らない）．**片利共生**――一方の種は利益を受け，宿主には恩恵がないものの，この関係で害されることもない．**寄生**―宿主の犠牲によって，一方の種が利益を得る．

ある関係を３つのカテゴリーのどれかに入れることはすっきりしていて単純ではあるが，動物の相互関係はきわめて複雑で，共生の 2 つないし 3 つ全てのタイプに同時に当てはまることもときどきある．そうした複雑な例では，たいてい私たちの知識不足から混乱がもたらされている．とは言え，海洋での協力の最も興味深い例のいくつかにはウミウシが関わっている．

太陽光を利用するウミウシにおける共生

藻食性嚢舌類の一部は食べている藻類から得た色素体（植物細胞内の光合成装置）をエネルギー源として蓄え，ある種のミノウミウシ類は自分のために褐虫藻（単細胞の藻類）を蓄えているイソギンチャクやソフトコーラルの組織を食べることで褐虫藻を獲得している．ウミウシは色素体や褐虫藻を生かしたまま体内に保持することができ，色素体や褐虫藻は体内で光合成を続けて，糖やその他の炭水化物を宿主のために生産している．このような動物にとっては，光合成のための太陽光は健康に不可欠な要素なので，多くの宿主は浅い海にすんでいて，「太陽光利用のウミウシ」と総称される．

ゴクラクミドリガイ *Elysia* 属やオオアリモウミウシ *Costasiella* 属の嚢舌類は，摂取した緑藻から直接的に，そして体内に備蓄した共生色素体である葉緑体から受け取る副産物によって間接的に，栄養を得ている．葉緑体は緑色を呈するウミウシの体表組織内に束になって蓄えられている．少なくとも 1 種類の嚢舌類，すなわちオーストラリアに分布するゴクラクミドリガイ属の仲間 *Elysia* cf. *furvacaudata* はおもに緑藻を食べているが，季節が移って緑藻の供給が乏しくなると餌を紅藻や褐藻に切り替える．食料源の変動と共に，このウミウシの体色も新しい餌に対応して一変する．

先に述べたように，共生関係のカテゴリー分けは明確でないことがよくある．ウミウシは光合成過程での食糧生産によって明らかに利益を得ているが，色素体にとっての利益は明らかではない．これは片利共生か寄生にあたるのかもしれない．その一方で，色素体は宿主の体内で生きたまま蓄えられていて，そうでなければもっと早くに死んでいたはずだから，これは相利共生であるともみなされる．

動物食のクセニアミノウミウシ *Phyllodesmium* 属はソフトコーラルを食べ，その過程で褐虫藻を獲得して，後で使うために蓄えている．上で述べた嚢舌類と同様に，顕微鏡的な褐虫藻は，光合成のための光が吸収されやすい背面突起の表層に束になって蓄えられる．この属の多くの種は，褐虫藻の十分な在庫を収容するために，幅の広い背面突起を進化させている．

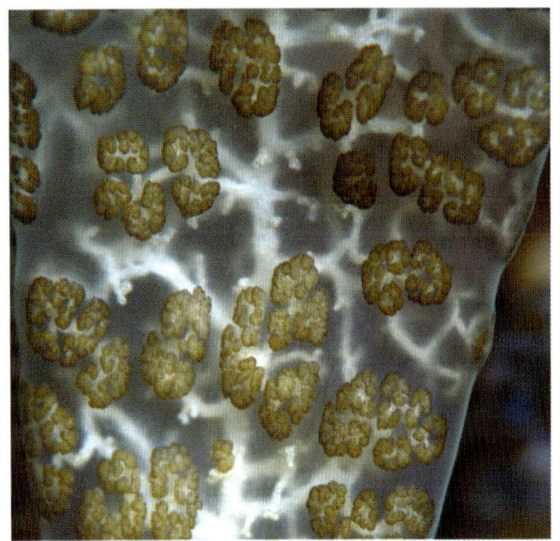

オオコノハミノウミウシ *Phyllodesmium longicirrum*（左）とムカデミノウミウシ *Pteraeolidia* cf. *semperi*（右）の体組織内で束状になった褐虫藻の拡大写真

太陽光を利用するカリブ海産の嚢舌類，ゴクラクミドリガイ属の仲間 *Elysia subornata* は蓄えられた葉緑体から補助的なエネルギーを得ている

褐虫藻の宿主が餌を消化すると，宿主はリン酸塩を含んだ有機肥料や，タンパク質の分解でできた硝酸塩やアンモニアなどの老廃物を生産する．たいていの生物は，そうした老廃物を除去するためにエネルギーを使っている．しかし，ウミウシの組織内で生きている褐虫藻は，老廃物を自分が利用できる以上の量の食料資源に変化させる．過剰分は，宿主が自分の栄養的な要求を補うために消費する．これは，2 種の生物が共生的な取り合わせで暮らしているみごとな例である．

ヒドロ虫食の美しいムカデミノウミウシ *Pteraeolidia* cf. *semperi* についての研究によって，宿主の体内で褐虫藻がどれだけ早く増殖しているかだけでなく，その過程で相当な量の食料が過剰に生み出されていることが明らかになった．褐虫藻の蓄えを得るために，太陽光を利用するミノウミウシ類のアワユキウミウシ *Pinufius rebus* はハマサンゴ *Porites* 属のイシサンゴを食べている．褐虫藻はイシサンゴにとってきわめて重要で，その硬い構造を構築するのに必要な炭酸カルシウムの生産を活性化していることはたいへん興味深い．この共生関係がなければ，動物が築いた地球上で最大の構造物であるサンゴ礁は存在しなかっただろう．

インド太平洋に分布するオオコノハミノウミウシ *Phyllodesmium longicirrum*（左）と，同属のアカクセニアウミウシ *Phyllodesmium kabiranum* は太陽光を利用するウミウシの例である

インド太平洋に分布するムカデメリベ *Melibe viridis* は大きくて平たく透明な突起を持ち，太陽光への露出を最大化している

ブルー・ドラゴンと呼ばれるムカデミノウミウシ *Pteraeolidia* cf. *semperi* は背面突起を平たくして，光合成のために太陽光への露出を増やしている

色素体や褐虫藻を宿しているウミウシは，植物細胞の成長や光合成に最適な環境を維持するために，体の構造を変化させている．宿主のウミウシが発達させた，細かく分岐した消化器系は，大きく，しばしば透明で，平たくなっていることもある背面突起の表層に広がっている．こうした変形は，宿主動物が多くの作物生産を得る能力を強化している．

スギノハウミウシ類のマツゲメリベウミウシ *Melibe engeli* や同属のオオウラメリベ *Melibe megaceras*，ムカデメリベ *Melibe viridis* は，平たく透明で大きな突起内に褐虫藻 *Symbiodinium microadriaticum* を共生させている．太陽光を利用する他のウミウシとは異なり，これらの種は光合成の副産物から栄養を得ていない．その代わり，おもな食料源が不足しているときには貯蔵している細胞の一部を消化してしまう．したがって，この共生関係は相利共生と寄生の組み合わせのように思われる．

カリフォルニアに分布するイバラウミウシ属の仲間 *Okenia rosacea*（以前の学名は *Hopkinsia rosacea*）は，キサントフィル（葉黄体）に由来する鮮やかなピンク色の体色から英名を「ホプキンスのバラ」と名付けられている．キサントフィルは葉緑体に似た

ホプキンシアキサンチンという色素がイバラウミウシ属の仲間 *Okenia rosacea* に鮮やかなピンク色を授けている

色素体で，ホプキンシアキサンチンと呼ばれるピンク色の色素を含んでいる．葉緑体のように，キサントフィルも光合成をおこなえる．しかし，イバラウミウシ属の仲間 *Okenia rosacea* が，光合成で生産された炭水化物から利益を得ているかどうかはわかっていない．

寄生

たいていの動物と同じく，ウミウシにも多くの寄生虫がつくが，中でも多いのは橈脚類（コペポーダ）である．この小さな絶対寄生者は，雌の体の後ろに付いたソーセージ形の１対の卵嚢ですぐにそれとわかる．卵嚢はドーリス類の体表から突き出しているのが見えたり，ミノウミウシの背面突起の間に見つかったりすることがよくある．

橈脚類とウミウシとの関係については，寄生性の橈脚類は厳密に宿主特異的で，体組織食者と（宿主の体液を吸う）体液食者の２つのタイプがいるということ以外はほとんど分かっていない．２つのタイプは口器の形態で見分けられる．

ヒラムシを代表するワミノアムチョウウズムシ *Waminoa* 属の無腸類は［訳註 21］，インド太平洋に分布するドーリス類でふつうに見かけられる．体表に白っぽい縁取りを持つ，この小さな無腸類はミノウミウシの背中の背面突起の間で餌を食んでいる．ミズタマサンゴやソフトコーラルなど，他の宿主から見つかった無腸類の消化管内容物の分析は，小さな橈脚類，有機物の屑，宿主の粘液に絡められた珪藻などを食べていることを示していた．しかし，ウミウシの背中で何を食べているのかはわかっていない．この関係は

寄生性橈脚類の紫色の卵嚢

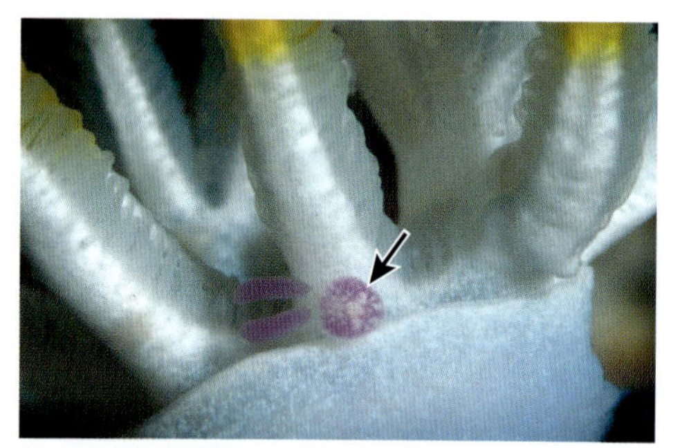
ドーリス類の羽根状の二次鰓上の橈脚類

ドーリス類の羽根状の二次鰓上の卵嚢

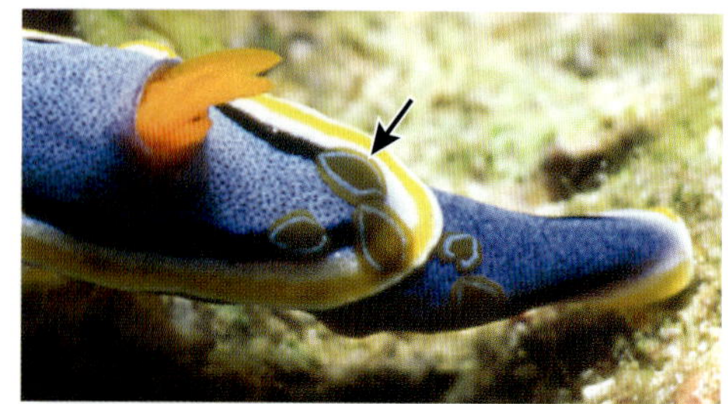
無腸類（ヒラムシ）がドーリス類の上で摂餌している

訳註 21・無腸類は，現在は扁形動物のヒラムシとは独立した無腸動物として扱われている．

片利共生なのかもしれない.

魚との関係

前に述べたように，スミゾメキヌハダウミウシ *Gymnodoris nigricolor* はエビと共生する何種かのハゼ，特にヒメダテハゼ *Amblyeleotris steinitzi* に付着した状態でだけ見つかる．宿主のハゼは，開けた砂地に巣穴を掘って維持している，あまり視覚の利かないテッポウエビと共生して暮らしている．目が利くハゼは巣穴の入り口付近に陣取って，捕食者の見張り役を務めている．警戒すると，エビへの警告としてハゼは尾鰭を振り，両者は巣穴の中へと逃げ戻る．ハゼの背鰭，胸鰭，腹鰭，臀鰭に顎でしっかりとかじりついているウミウシは，そうした突然の退却においてもがっちりしがみついて持ち場を離れない．

エビと共生するヒメダテハゼ *Amblyeleotris steinitzi* と，背鰭に付いているスミゾメキヌハダウミウシ *Gymnodoris nigricolor*（左）．マンボウ *Mola mola* の鰭に付くウミウシのような動物（右）

このウミウシとハゼとの関係は，これまでに知られているウミウシの共生の中では最も風変わりなものの1つなのだが，その行動がきっちり研究されたことはない．これが共生関係であることは明らかだが，共生の3つのカテゴリーのうちどれにあたるのかはわかっていない．ある研究者はウミウシが鰭の組織を齧っていると想像し，それが本当なら寄生にあたるのだが，宿主のハゼの鰭の損傷はこれまで観察されていない．別の研究者が考えているように，ハゼの粘液だけが食われているのなら，この関係は片利共生になる．

最近，ダイバーたちがカリフォルニアで驚くべき発見をした．ウミウシのような動物がマンボウ *Mola mola* の胸鰭にくっついているのを見つけて写真に撮ったのである．標本を採集しようとする試みは，これまでのところうまくいっていない．この関係は，その本質において，スミゾメキヌハダウミウシとハゼとの組み合わせに似ているのかもしれない．

魚の上にいるウミウシが見られることは滅多にないが，カサゴ，（海産の）カジカ，カエルアンコウなど待ち伏せ形の捕食魚の体の上をたまたま横切っているところが観察さ

カリフォルニアフサカサゴ *Scorpaena guttata* は，北太平洋産のエムラミノウミウシ *Hermissenda crassicornis* が体に卵塊を産み付けている間，じっと動かずにいる

れている．この行動については，ウミウシは自分がどこを這っているか気づいていないか，気にしていないかなのだという以外の説明はないように思われる．これらの魚は，攻撃できるくらいに近くを獲物が気づかずに通りかかるのを，何時間も我慢強くじっと待つことができる待ち伏せ型の捕食魚である．うろついてきたウミウシの存在は，厄介者を振り払おうとしてカムフラージュしている場所を露見させることに比べれば，捕食魚にとって明らかに重要ではない．そのことによって，魚の体の上を横切る時間や，写真が示すように，卵塊を産みつけるほどの時間がウミウシに与えられる．

その反対に，幼魚がウミウシの襞などの体の構造を隠れるために使っていることが稀に観察されている．魚はウミウシの化学防御戦術の恩恵を受けているのかもしれないと推測している研究者もいる．この結びつきは滅多に観察されないので，真の共生関係と

ミノカサゴの幼魚が，インド太平洋に分布するヒラツヅレウミウシ *Discodoris boholiensis* の外套膜の襞に隠れている

はみなされない.

エビとの関係

インド太平洋に分布するウミウシカクレエビ *Periclimenes imperator* と，ミカドウミウシ *Hexabranchus* 属やマダライロウミウシ *Risbecia tryoni*，ダイアナウミウシ *Chromodoris dianae* など大型のドーリス類との共生はよく見られる．ウミウシカクレエビ *Periclimenes* 属に属する種の体色は概ね一定で，宿主特異性がきわめて高い．3タイプの異なる色彩変異があるウミウシカクレエビ *Periclimenes imperator* はその例外で，多くの宿主にすみ着いている．

ウミウシカクレエビ *Periclimenes imperator* は，這い回る底生無脊椎動物（最も多いのはさまざまなナマコ類）にすみ着く傾向がある．宿主が餌を摂るために海底を這い回ると，ヒッチハイクしているエビは宿主の体側にしがみついて，動いた場所の海底から餌を摘まみ取る．このエビが海底で餌を摂るウミウシと一緒にいるのもおそらく同じ理由からだろう．しかし，ミカドウミウシ *Hexabranchus* 属の上で見つかるときには，エビはたいてい肛門や隣接する二次鰓の近くにいて，宿主の糞塊を食べているのが観察される．ミカドウミウシ *Hexabranchus* 属の上で見つかるウミウシカクレエビはピンクがかった赤色に白い斑点があり，ウミウシの体色によく溶け合った色彩変異をしている．この結

タイに分布するミスジアオイロウミウシ属の一種 *Chromodoris* sp. に，2個体の白っぽいウミウシカクレエビがヒッチハイクしている

ウミウシカクレエビ *Periclimenes imperator* が，ミカドウミウシの二次鰓から屑をつまみ取っている

ウミウシカクレエビが，追尾している2個体のドーリス類の間をふらふらしている

2個体のウミウシカクレエビが，ミナミニシキウミウシ *Ceratosoma gracillimum* にヒッチハイクしている

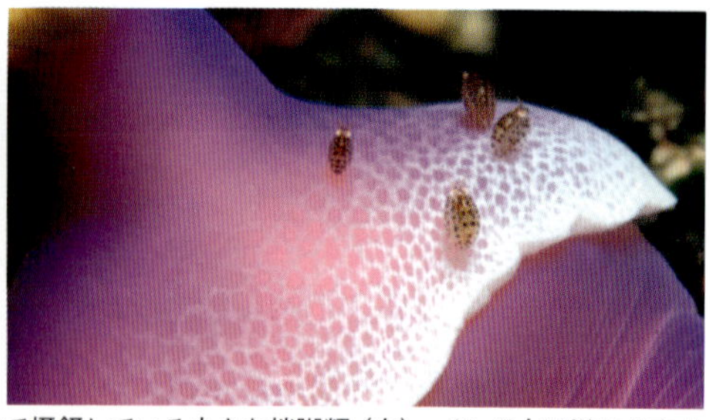

ダイダイウミウシ属の仲間 *Doriopsilla albopunctata* の背中で摂餌している小さな端脚類（左），インド太平洋に分布するシンデレラウミウシ *Hypselodoris apolegma* の上の介形類（右）

びつきでは，相互の利益は明らかなように思われ，エビはカムフラージュによる保護と宿主の排泄物からの餌を得ていて，ウミウシはエビの活動によって鰓付近の排泄物を取り除かれている．

ウミウシカクレエビ *Periclimenes imperator* が他のウミウシと一緒にいるときには，その結びつきから得ている利益は必ずしも明らかではない．エビは，鮮やかな赤と白の体色に，オレンジ色の鋏脚を持っている．マダライロウミウシ *Risbecia* 属やミスジアオイロウミウシ *Chromodoris* 属にすみ着いているときには，対比を成すエビの色彩設計はその存在を目立たせている．

カニとの関係

「背負い蟹（carry crab）」として知られているヘイケガニ科のキメンガニ属の仲間 *Dorippe frascone* やマルミヘイケガニ属の一種 *Ethusa* sp. は，イソギンチャク，ウニ，クラゲ，バナナの皮などを，後脚を使って背中に背負って，捕食者からその存在を隠している．この行動は，生きたカイメン群体のかけらをカムフラージュとして背中に背負うカイカムリに似ている．小型のヘイケガニが，乗っ取られたウミウシを運んでいるところが観察されている．

パプアニューギニアで，ヘイケガニ科の一種が覆いとしてミナミニシキウミウシ *Ceratosoma gracillimum* を持ち運んでいる

熱帯東太平洋産のジンガサヒトエガイ属の仲間 *Tylodina fungina* が，オオカイカムリ *Dromia* 属の一種がカムフラージュとして持ち運んでいるカイメンを食べている

メキシコに分布するヨツスジミノウミウシ科の仲間 *Anetarca armata* が，巻貝 *Decipifus californicus* の殻の上で共生的に育っている茶色のヒドロ虫を食べて（左），産卵している（右）

ウミウシ／巻貝／ヒドロ虫の関係

ヨツスジミノウミウシ科の仲間 *Anetarca armata* と，このウミウシの餌になっている未記載のヒドロ虫，そして殻がヒドロ虫の共生的なすみかにされている巻貝 *Decipifus californicus* や同じく泥底にすむオリイレヨフバイ *Nassarius* 属，の三者が関わる面白い関係がメキシコのカリフォルニア湾で観察されている．このヒドロ虫は他の基質上では見つからないことからなんらかの共生的な関係があると思われるが，どういう関係かはわかっていない．ミノウミウシは芝生状のヒドロ虫を食べ，その上に産卵するので，少なくとも片利共生的な関係であるのは明らかだろう．

ウミウシと人間

昔からアリューシャン列島に暮らす人々は，オオバンハナガサウミウシ *Tochuina gigantea* を焼いて食べる

ウミウシについて講演すると，必ず誰かに「ウミウシは何かの役に立つのですか，食べられますか」と尋ねられる．これはもっともな質問ではあるが，先見性のある質問ではない．現在進行中の科学的研究にウミウシが関係していることを知らずして，将来を見ることはできないからだ．そして，ウミウシは食べられないと，誰が言ったのだろう．アリューシャン列島の千島（クリル島）に古くから暮らす人たちはオオバンハナガサウミウシ *Tochuina gigantea* を焼いて食べ，フィジーの人たちは潮間帯でアメフラシを拾ってきて，きれいにしてココナツジュースで煮て食べる．フィジーの人たちはタツナミガイ *Dolabella auricularia* などの卵も食べている．

純粋に審美的な視点から，ウミウシは何千人ものアマチュア・ダイバーたちを毎日喜ばせている．ダイバーたちは，以前に何度この小さくて人目をひく動物を見たことがあったかにかかわらず，ウミウシに出会うたびにじっと見ようとして必ず立ち止まるかに思われる．そして，ウミウシはサンゴ礁で最もよく撮影される動物のリストの上位にランクされる．実際，多くの写真好きはこのエキゾティックな動物の魅力によって水中カメラを買うようにと誘惑されている．そして，30 以上のウミウシサイトがインターネットに現れて，何百人もの愛好家たちを魅了している（付録 170 ページにその一部のリストを掲載した）．けれども，海水魚店で売られているウミウシに熱中する人はずっと少ない．ある程度以上の期間にわたってウミウシを家庭用水槽で生かしておくのはほぼ不可能なことが広く知られているにも関わらず，多くの営利企業が取引を続けている．こうした実生活に無縁の利益は別にして，ウミウシはもっと有意義な方法で人間に貢献している．

ここ数十年の間，ウミウシは新薬開発や農業実践改善についての継続的な探求に関して重要な実験動物として生物医学界に貢献してきた．実際，私が初めてウミウシを見たのは，短大在学時の生物学研究室のためにアメフラシ *Aplysia* 属を採集していたときだった．たいへん大きな神経節を持っていることで，アメフラシ *Aplysia* 属は神経系の反応の研究にきわめて役立つことが実証されている．2004 年 12 月 13 日付のニューズウイーク（Newsweek）誌は「次世代の医薬品」と題された記事を，「ジャンボアメフラシ *Aplysia californica* を自然界で最も魅力のない生物の 1 つと呼んでも，まだ優しすぎるかもしれない．その脳（と呼べるものなら）は驚くほど単純で，わずか数千の巨大なニューロンでできている．すなわち，このアメフラシは動物界の栄誉を担えそうな動物ではないのである．けれども，今から数年後にはベビーブーム世代の多くの人々は，このぱっとしない小さな動物から大きな恩恵を授かるかもしれない．アメフラシは魅力のない動物に見えるかもしれないが，記憶強化薬の開発を目指す科学者たちにとっては，美しいものとなっている．—アメフラシでの発見を継承する MEM1414 は，加齢に伴う記憶力の減退に悩む患者の長期記憶力を強化し，さらには初期のアルツハイマー病の発症を防ぐ—」と書き始めている．[訳註 22]

カリフォルニア産のジャンボアメフラシ *Aplysia californica* の研究は，学習と忘却の両方の秘密を解き明かすのに役立つかもしれない

訳註 22・アメフラシの記憶の移植　2018 年 5 月 14 日付の eNeuro 誌に掲載された論文によると，カリフォルニア大学ロサンゼルス校のデイヴィッド・グランツマンらは，電気刺激を与えることで防衛反応が長く続くように訓練されたアメフラシから抽出した RNA を移植すると，訓練されていない個体の防衛反応が長くなることを確認している．

北西太平洋に分布する，鮮やかな体色のエムラミノウミウシ *Hermissenda crassicornis* は行動の研究に使われている

過去には，野外で捕獲したアメフラシを実験室で使用すると，実験動物が食べていた餌，地理的な出処，年齢，全体的な健康状態によって，実験結果に大きな違いがもたらされていた．そうした差異を除き，アメフラシに対する増え続ける需要を満たすために，NIH（アメリカ国立保健研究所）はフロリダ州マイアミに国立アメフラシ供給センターを設置した．この施設は，NIH 基準で管理された環境で繁殖させて育てた 25,000 個体以上を毎年送り出している．

ウッズホール（Woods Hole）海洋生物学研究所の研究者は，エムラミノウミウシ *Hermissenda crassicornis* を行動や学習の研究に使用している．このウミウシの輪郭がはっきりした中枢神経系は，学習や記憶の保持，パヴロフ流の訓練でもたらされる行動の修正のさまざまな側面を研究する上での単純な手段を提供している．学習や記憶の修正は，実験対象動物に生化学的，生物物理学的，形態学的に計測可能な変化をもたらしている．研究者たちは，そうした変化が長く続き，脊椎動物の記憶モデルにもたいへんよく合致することを確認している．これが事実なら，こうした研究は人の行動のコントロールや修正に役立つ情報をもたらすかもしれない．研究者たちは，骨格骨の石灰化（生体内鉱質形成）を起こす上でのストロンチウムの役割を研究するためにもエムラミノウミウシ *Hermissenda crassicornis* を使っている．

何年か前に全米科学財団（NSF）は，ウミウシの精子が交尾後に雌性生殖器系内でどうやって活性化されるかに注目して，人間の男性向けの妊娠コントロール錠剤を開発する研究を助成した．精子の活性化，または避妊の場合には非活性化という着想は，受精力のある卵のすぐそばを，やってきた精子が受精させることなく通り過ぎるのを生物学者が研究していて得られた．受精は，何らかの未知の方法で精子が活性化されたときに起こる．

ウミウシは保護してくれる殻の消失を補うために，柔らかく遮蔽されない体を捕食者から守ろうと化学的抑止力の装備を進化させた．医学者たちは，そうした防御的化学物質が人間に役立つのではないかと何年も前から考えていた．この 20 年ほどの間に，ウミウシから単離された化学物質の特性を調べるために多くの研究がおこなわれてきた．そうした研究の目的は，ウミウシにとっての化学物質の生態学的役割を突き止めることと，その化学物質を人間の健康状態のモニターや管理に役立てられないか調べることだった．その一例は，神経的な障害を抱える人たちのセロトニンとドーパミンをコントロールすることである．ウミウシは新たな化学物質を作り出す驚異的な能力を持つことがわかってきた．ウミウシはこのことを，餌からの代謝産物の生物学的濃縮，餌が持つ化合物の生物学的変性，そして役に立つ化学物質の生合成によって成し遂げている．そうした化学作用や合成された化合物の一部が役に立つと判明することは間違いないだろう．別の軟体動物を研究している生物医学者は，心拍数，骨格筋の収縮力，脳組織を調節する化合物を得ている．さらに，ある種の化学受容体の活性化は癌の治療に重要な発展をもたらしている．

この 10 年ほどの間にイチイヅタ *Caulerpa taxifolia* がうっかり地中海に持ち込まれたことで，入江や水路の流れが止められてたいへんな経済的損失がもたらされた．アレキサ

嚢舌類のナギサノツユ属の仲間 *Oxynoe panamensis* の導入が，イワヅタ *Caulerpa* 属の生物学的制御策として提案されている

ンダー・マイネッツ（Alexandre Meinesz）とダニエル・シンバーロフ（Daniel Simberloff）が2001年に書いた『キラー海藻（Killer Algae）』[訳註23]では，この侵略による生物学的，政治的な恐怖（ホラー）が語られ，ウミウシの役割が解決をもたらすかもしれないとされている．地中海で生き残るとは誰も思わなかった，見たところ穏やかなこの植物は，今や10,000エーカー（約40平方キロ）以上を覆い尽くして，フランス，スペイン，イタリア，クロアチアの地中海沿岸部の生態系を荒廃させていると報告されている．科学界やフランス政府への嘆願にも関わらず，どの機関もこの海藻に責任を持とうとはしていない．責任転嫁している間に，キラー海藻は広がり続けている．最近，ヨーロッパの生物学者たちはこの拡散をコントロールしようとして嚢舌類の導入を提案した．100万匹のウミウシでもこの侵略的な海藻をコントロールできるかどうか疑問だが，脚光は浴びた．国際的な生態学的大惨事において，ウミウシがこのように認められるとは誰が想像しただろうか．

訳註23・イチイヅタの現状　邦訳なし．キラー海藻はイチイヅタの変異種で単為生殖する．2016年3月時点で環境省の「生態系被害防止外来種リスト」に侵入予防外来種として記載されているが，本邦では（少なくとも大規模には）繁殖していないようである．

謝 辞

世界各地でのウミウシ研究はまだ揺籃期にある．ウミウシに関するほとんどの本は同定に重きを置いている．そうした本における膨大な数の未記載種は科学の現状を示す証拠である．ウミウシの種数の多さによって，生物学者たちはこの多様な動物群の生活様式を研究する時間をようやく見出したばかりだ．ウミウシの行動についての私たちの知識は，世界中の何百人ものダイバーや研究者による注意深い観察で得られた断片を集め合わせたものである．この本はそうした多くの断片の集積で，まさにチームとしての努力の賜物である．

予想をはるかに上回る時間をつぎ込んで，大雑把な草稿を洗練された原稿に仕上げてくれたNew World Publications社の出版チームのPaul Humann，Ned DeLoach，Eric Rieschには格別の謝意を表したい．彼らの徹底した努力は本書の構成とわかりやすさに反映されている．彼らがいなければ，この本は仕上げられなかっただろう．

本書のおもなカメラマンであるConstantinos PetrinosとCarine Schrursだけでなく，写真や観察を提供していただいた多くの人たちにもお礼を申し上げたい．Marc ChamberlainとPaul Humannにはとりわけ多くの貢献をしていただいた．一枚の写真は千の言葉に勝ると言われている．本書に掲載された数々の素晴らしい写真は，まさにそれを証明している．

時間やアドバイスや知識を惜しみなく提供していただいた研究者の方々にも感謝したい．そうした研究者による多くの学術文献を本文中に引用することで，その業績を讃えられればよかったのだが，紙幅の制限のために，それは叶わなかった．

Hans Bertsch博士　カリフォルニア州サンディエゴ
Jeff Goddard博士　カリフォルニア大学，カリフォルニア州サンタバーバラ
Terry Gosliner博士　カリフォルニア科学アカデミー，カリフォルニア州サンフランシスコ
Alicia Hermosillo　グアダラハラ大学，グアダラハラ（メキシコ）
Sandra Millen　ブリティッシュ・コロンビア大学，バンクーバー（カナダ）
Bill Rudman博士　オーストラリア博物館，シドニー（オーストラリア）
Angel Valdes博士　ロサンゼルス郡自然史博物館，カリフォルニア州ロサンゼルス

最後に，このプロジェクトをやり遂げるための熱意のエネルギーを提供してくれた，多くのアマチュア「ウミウシ研究家」や熱心な水中写真家がいる．中でも，Mike Miller，Masayoshi Nishina（仁科真良），Rie Nakano（中野理枝），Atsushi Ono（小野篤司），Bob Bolland博士，Jeff Hamann，Clay Bryceの諸氏に感謝したい．そして，何千時間もの研究と準備の間ずっと私を支えてくれた妻のDianaにも感謝する．

Constantinos Petrinos と Carine Schrurs からは，スポンサーであるクンクンガン・ベイ・リゾート，シンガポール航空，シルクエア，オーシャン光学の各社に感謝を捧げる．David Behrens の継続的な支援と専門家としての科学的指導には特に敬意を表する．Colin Doeg，Kathryn Ecenbarger，Mark Ecenbarger，Antonis Kolias，Nuswanto Lobbu，Iwan Muhani，Next S. A.，Club Ocellaris，Peri Paleracio，Antonis Rigopoulos，Boy Venus，Steve Warren は私たちの撮影の成功をおおいに支えてくれた．家族や友人たち，そして素晴らしいダイビングを共にした人たちにも感謝する．

写真撮影

本書に掲載された写真は，野外の生息場所でのウミウシの姿である．多くの優れた水中写真家が作品を本書に提供している．多くの興味深く，そしてなかなか見られないウミウシの行動や生活様式を示す上で彼らの技術が助けとなり，本書ができる限り包括的なものになったことに感謝したい．

写真提供のクレジットに示した写真家に加えて，本書の刊行を支えてくれた次の方々の時間と労力にも感謝する．Jerry Allen，Neville Coleman，Shinichi Dewa（出羽慎一），Kathy deWet-Oleson，Leslie Harris と Andrew Flowers，Jackie Hildering と Glen Miller，Alison Miller，Winfield Mirzowsky，Atsushi Ono（小野篤司），Dave Reid，Roger Steene，Kotaro Tanaka（田中幸太郎），Angel Valdes，Jay Yakashi.

写真提供

Mary Jane Adams 27 下左，36 上，41 下右，45 下左，77 下右，96，109 下左，129 下右，131 上，135 3 段目左，149 上右，151 上右，160 上右，下；**Charles Anderson** 148 下左；**Jim Anderson** 53 上右，148 下左；**Ken Ashman** 8 上左，59 上，72 中左，81 下右，165；**David & Leanne Atkinson** 51 下；**David W. Behrens** 2 中，5 上左，8 上右，下左，13 上右，22 下右，25 下左，37 中左，68 下左，下右，71 上，81 上右，87 すべて，88 下，89 上，90 下右，120 上，127 下，130 下，131 中左，下，148 2 段目中，右，3 段目右，150 上，156 下左，159 上右；**Clay Bryce** 36 下右，64 上右，110 すべて，126 下右；**Carol Buchanan** 97 上左；**Goncalo Calado** 94 下；**Marc Chamberlain** 2 下右，3 上，下右，下中，6 上，17 上右，20 上右，22 下左，23 中左，下，26 上左，27 上，28 下左，29 下，30 上左，31 上右，33，35 上右，36 下左，37 上右，39 上左，42 下右，下左，57 下右，63 下，67 下，90 下左，92 下右，97 上右，103 上，112 下右，113 上左，115 上，120 下，121 中左，中右，135 3 段目右，左，137 上左，上右，143 下左，148 上左，右，148 2 段目左，149 上左，下左，151 上左，160 上左，下，162 上，163，164；**Gary Cobb** 132；**Annie Crawley** 94 上左；**Helmut Debelius** 55，69 下；**Ned DeLoach** 3 中左，14 下右，29 中右，46 上左，53 上左，107 下右；**Steve Drogin** 150 下右；**Anne DuPont** 89 中，104 上右，109 上；**Jeff Goddard** 145 下；**Terry Gosliner** 70 下右，

150 中；**Daniel Gotshall** 86 上左；**Alan Grant** 91 下；**James Greenameyer** 30 上右，138 下；**Chris Grossman** 158 上；**Howard Hall** 128 上；**Jeff Hamann** 64 下，69 下，82，92 上右，124 上左，134 下すべて，141 上左，148 上中，154 上；**Carole Harris** 41 中左，44，83 3 段目左，右，84 上左，143 上左；**Kensuke Hasebe**（**長谷部謙介**）裏表紙 上左；**Alicia Hermosillo** 10 上右，17 上，27 中右，28 下右，43 中右，56 下右，69 上，72 中右，73 上，78 下右，113 上右，143 下右，144，145 中左，中右，161 上；**Roger Hess** 125 下左，下右；**Ken Howard** 49 下，128 上；**Paul Humann** 2 下右，3 上中，中右，8 中，下右，9 下，10 上左，上右，12 下左，25 上，34，37 中右，39 下右，41 中右，45 上，下右，46 下左，48 下左，50 上左，57 下左，61，68 上，74 下，78 上右，79，81 上左，中左，82，88 上左，91 上右，99 下左，下右，111 上，112 下左，113 下左，125 上右，126 下左，131 中右，135 上すべて，143 上左，145 上右，154 下左，下右，表紙；**Jun Imamoto**（**今本 淳**）89 下左，下右；**Ray Izumi** 86 上右，93 すべて；**Scott Johnson** 140 上，下；**Bert Jones & Maurine Shimlock** 88 上左，142 下左，下右；**Debbie Karimoto** 75 下左；**Keita Kosoba**（**小蕎圭太**）100 コラム 1，101 コラム 2，裏表紙 中央，上中；**Dong Bun Koh** 97 下；**Jim Lance** 161 下左，下右；**Steve Long** 70 下左；**Lisa Malachowsky** 156 上左；**Julie Marshall** 53 下；**Neil McDaniel** 53 中右，83 2 段目 左，右，85 中右，中左，下左，86 下，112 上，127 上，下；**Mike D. Miller** 17 中，30 下右，42 上，51 中，72 上，85 上，98 すべて，151 3 段目，4 段目左，4 段目右；**Randy Morse** 156 下右；**Bill Pence & Doug Mason** 141 上右；**Chikako Nishina** 7 上右；**Masayoshi Nishina**（**仁科真良**）7 上左，27 下右，30 下左；**Bruce Potter** 141 下；**Eric Riesch** 3 2 段目中，37 上左，中右；**Ed Robinson** 64 上左；**Jeff Rosenfeld** 147 上；**Bill Rudman** 81 中右，92 下左，138 上；**Terry Schuller** 151 2 段目右；**Ayami Sekizawa**（**関澤彩眞**）106 コラム 4；**Mark Strickland** 15 中，16 下，18 中右，54 下左，下右，58 上，108 下左，下右，123 中左，中右，129 上左，上右，148 下右，159 上左；**Hideyuki Takasu**（**高須英之**）80，130 上；**Marli Wakeling** 52；**Winfried Werzmirzowsky** 156 下右；**Bruce Wight** 21 下右，78 上左，91 上左，104 上左，155 下；**Dave Wrobel** 81 下左；その他の写真は全て **Constantinos Petrinos** および **Carine Schrurs** による撮影，すべての図は **David W. Behrens** が描く．

付録・世界のウミウシサイト一覧

日本産後鰓類データベース

http://www.ajoa.jp/seaslugdb/data/Home.jsp

ウミウシ研究者の中野理枝さんが運営するデータベース

日本産ウミウシ関連の文献

http://yo-yard.sakura.ne.jp/Nakashima/publication_Opisthobranchia_Japan.html

日本のウミウシに関する文献をまとめたサイト

世界のウミウシ

https://seaslug.world/

日本のダイバーが運営するウミウシ検索サイト

ウミウシの日々

http://umiushi.perma.jp/

日本のダイバーが運営するウミウシ紹介サイト

Sea Slug Forum

http://seaslugforum.net

オーストラリア博物館の分類学者 Rudman さんによって運営されていた英語のサイト．2010 年以降更新されていないが，それ以前の分類の信頼性はきわめて高い

Unitas Malacologia

http://www.unitasmalacologica.org/index.html

世界貝類学連合が運営する英語のサイトで，3 年に一度開催される国際会議などが告知される

Okinawa slug site

http://www.rfbolland.com/okislugs

沖縄のウミウシを紹介しているボーランドさんによる英語のサイト

Mediterranean Nudibranchs

http:/marenostrum.org/opistobranquios/

地中海のウミウシを紹介しているスペイン語のサイト

New Caledonia Nudibranchs

http://jfherve.free.fr/nudibranches/accueil.php?langue=english&provenance=chgmtlangue

ニューカレドニア地方のウミウシを紹介しているフランス語のサイト

Norwegian Opisthobranchs

http://www.marinbi.com/nudibranchia/index.htm

ノルウェーのウミウシを紹介しているサイト（ノルウェー語）

Renunion Island Sea Slugs

http://vieoceane.free.fr/runseaslug/indexslug.htm

南西インド洋のウミウシを紹介する英語・仏語のサイト

文 献

原著文献

Avila, C. 1995. Natural Products of Opisthobranch molluscs: a Biological Review. Oceanography and Marine Biology, Annual Review, 33: 487-559.

Chivian, E., Roberts, C. M. & Bernstein, A. S. 2003. The threat to cone snails. Science 302(5644): 391.

Cimino, G., Fontana, A. & Gavagnin, M. 1999. Marine Opisthobranch Molluscs: Chemistry and Ecology in Sacoglossans and Dorids. Current Organic Chemistry, 3(4): 327-372.

Johnson, P. M. & Willows, A. O. D. 1999. Defense in Sea Hares (Gastropoda, Opisthobranchia, Anaspidea): multiple layers of protection from egg to adult. Marine & Freshwater Behaviour & Physiology, 32: 147-180.

Goddard, J. 1984. Presumptive Batesian mimicry of an aeolid nudibranch by an amphipod crustacean. Shells and Sea Life [previously and subsequently the Opisthobranch Newsletter] 16: 220-222.

Gosliner, T. M. 1987. Review of the nudibranch genus *Melibe* (Opisthobranchia: Dendronotacea) with descriptions of two new species. The Veliger, 29(4): 400-414.

Gosliner, T. M. 1994. Chapter 5 Gastropoda: Opisthobranchia. In: Harrison, F. W. & S. L. Gardiner (Editors) Microscopic Anatomy of Invertebrates. Wiley-Liss Inc., New York.

Gosliner, T. M. & Behrens, D. W. 1990. Special resemblance, aposomatic coloration and mimicry in opisthobranch gastropods. Pages 127-138, pl 8-10 In: Wicksten, M. (Compiler) Adaptive Coloration in Invertebrates. Texas A&M University, College Station, Texas, 138 pp., 11plates.

Gosliner, T. M., Behrens, D. W. & Williams, G. 1996. Coral reef Animals of the Indo-Pacific. Sea Challengers.

Kawaguti, S. & Yamasu, T. 1961. Self-fertilization in the bivalved gastropod with special references to the reproductive organs. Biol. J. Okayama, 7: 213-224.

Kempf, S. C. 1984. Symbiosis between the zooxanthella *Symbiodinium* (=*Gymnodinium*) *microadriaticum* (Freudenthal) and four species of nudibranchs. Biological Bulletin, 166(1): 110-126.

Kuzirian, A. M., Capo, T., McPhie, D. & Tamse, C. T. 1999. The sea slug, *Hermissenda crassicornis*: phylogeny, mariculture, and use as a model system for neurobiological research on learning and memory. The Marine Biological Laboratory, Woods Hole, MA 02543.

Lalli, C. M. & Gilmer, R. W. 1989. Pelagic Snails. The biology of holoplanktonic gastropod mollusks. Stanford: Stanford University Press.

Meinesz, A. 1999. Killer Algae. Translated by Daniel Simberloff. The University of Chicago Press 360 pp.

Piel, W. H. 1991. Pycnogonid predation on nudibranchs and ceratal autotomy. The Veliger, 34: 366-367.

Reid, J. D. 1964. The reproduction of the ascoglossan opisthobranch *Elysia maoria*. Proc. Zool. Soc. Lond. 143(3): 365-393.

Rogers, C. N., de Nys, R. & Steinberg, P. D. 2000. Predation on juvenile *Aplysia parvula* and other small Anaspidean, Ascoglossan and Nudibranch Gastropods by Pycnogonids. The Veliger, 43(4): 330-337.

Rudman, W. B. 1991. Purpose in Pattern: the evolution of colour in chromodorid nudibranchs. Journal of Molluscan Studies, 57, (T. E. Thompson Memorial Issue): 5-21.

Trowbridge, C. D. 1994. Defensive responses and palatability of specialist herbivores: predation on N. E. Pacific ascoglossan gastropods. Marine Ecology Progress Series, 105: 61-70.

Trowbridge, C. D. 1995. Hypodermic insemination, oviposition, and embryonic development of a pool-dwelling ascoglossan (=sacoglossan) opisthobranch: *Ercolania felina* (Hutton, 1882) on New Zealand shores. The Veliger, 38: 203-211.

Wilkinson, C. (Ed.) 2002. The status of coral reefs of the World: 2002. Global Coral Reef Monitoring Network. Australian Institute of Marine Sciences. 388pp.

訳註追加文献

Bédécarrats, A., Chen, S., Pearce, K., Cai, D. & Glanzman, D. L. 2018. RNA from Trained *Aplysia* Can Induce an Epigenetic Engram for Long- Term Sensitization in Untrained *Aplysia*. eNeuro, 2018; 10.1523 DOI: 10.1523/ENEURO.0038-18.2018

Gosliner, T. M., Valdes, A. & Behrens D. W. 2015. Nudibranch & Sea Slug Identification Indo-Pacific. New World Publications Inc., 408pp. ISBN 978-1-878348-59-3 (2nd ed. 2018, ISBN 978-1-878348-67-8)

Johnson, R. F. & Gosliner, T. M. 2012. Traditional Taxonomic Groupings Mask Evolutionary History: A Molecular Phylogeny and New Classification of the Chromodorid Nudibranchs. PLoS ONE, 7(4): e33479. https://doi.org/10.1371/journal.pone.0033479

Lange, R., Werminghausen, J. & Anthes, N. 2014. Cephalo-traumatic secretion transfer in a hermaphrodite sea slug. Proceedings of Royal Society of London B, 281: 20132424. https ://doi.org/10.1098/rspb.2013.2424

Nakano, R. & Hirose, E. 2011. Field experiments on the feeding of the nudibranch *Gymnodoris* spp. (Nudibranchia: Doridina: Gymnodorididae) in Japan. The Veliger, 51(2): 66-75.

Nakano, R., Tanaka, K., Dewa, S. I., Takasaki, K. & Ono, A. 2007. Field observations on the feeding of the Nudibranch *Gymnodoris* spp. in Japan. The Veliger, 49(2): 91-96.

Osumi, D., & Yamasu, T. 2000. Feeding behavior and early development of *Gymnodoris nigricolor* Baba, 1960 (Mollusca: Nudibranchia) associated with the fins of marine gobies. Japanese Journal of Benthology, 55: 9-14.

Sekizawa, A., Goto, G. S. & Nakashima, Y. 2018. A nudibranch removes rival sperm with a disposable spiny penis. Journal of Ethology (in press), https://doi.org/10.1007/s10164-018-0562-z

Sekizawa, A., Seki, S., Tokuzato, M., Shiga, S. & Nakashima, Y. 2013. Disposable penis and its replenishment in a simultaneous hermaphrodite. Biology Letters, 9:20121150. https ://doi.org/10.1098/rsbl.2012.1150

Williams, E. H. & Williams, L. B. 1986. The first association of an adult mollusk (Nudibranch: Doridae) and a fish (Perciformes: Gobiidae). Venus, 45: 210-212.

Yorifuji, M., Takeshima, H., Mabuchi, K. & Nishida, M. 2012. Hidden diversity in a reef-dwelling sea slug, *Pteraeolidia ianthina* (Nudibranchia, Aeolidina), in the Northwestern Pacific. Zoological Science, 29(6), 359-367.

日本語で読めるウミウシ関係図書

M. エドムンズ（著），小原嘉明・加藤義臣（共訳）1980．動物の防衛戦略．培風館．（上）222pp．（下）279 pp．（絶版）

奥谷喬司 2017．日本近海産貝類図鑑 第２版．東海大学出版部．1382pp.

小野篤司 2004．沖縄のウミウシ．ラトルズ．304pp.（絶版）

佐々木猛智 2010．貝類学．東京大学出版会．381pp.

中嶋康裕 2015．うれし、たのし、ウミウシ。．岩波書店．144pp.

中嶋康裕（編）2016．貝のストーリー－「貝的生活」をめぐる７つの謎解き－．東海大学出版部．242pp.

中野理枝 2004．本州のウミウシ．ラトルズ．304pp.（絶版）

中野理枝 2018．日本のウミウシ．文一総合出版．544pp.

馬場菊太郎 1949．相模湾産後鰓類図譜．岩波書店．224pp.（絶版）

馬場菊太郎 1955．相模湾産後鰓類図譜補遺．岩波書店．94pp.（絶版）

波部忠重・奥谷喬司・西脇三郎 1999．軟体動物学概説（上巻）．サイエンティスト社．273pp.（絶版）

濱谷　巌 1999．後鰓類．In: 動物系統分類学５（下）．軟体動物Ⅱ．中山書店．459pp.（絶版）

平野義明 2000．ウミウシ学．東海大学出版会．222pp.

索 引

学名索引

【R】

【S】

【T】

【U】

【V】

和名索引

【ヤ】

【ユ】

【ヨ】

【ラ】

【リ】

【ル】

【レ】

【ロ】

【ワ】

著者紹介

David W. Behrens

ベテランダイバーで水中写真家のデイビッド・W・ベーレンスは1974年から海洋生物を研究している．ウミウシ愛好家として有名で，著書の“Pacific Coast Nudibranchs”は2版を重ね，“Coral Reef Animals of the Indo-Pacific”，“Eastern Pacific Nudibranchs”，“Diving and Snokeling Hondulas' Bay Islands”，“The Diving Guide – Cozumel, Cancun & the Riviera Maya”，“Nudibranch & Sea Slug Identification Indo-Pacific”の共著者でもある．ウミウシに関する学術論文は，裸鰓類30種の記載を含めて80編以上にのぼる．州立サンフランシスコ大学で修士号を取得し，カリフォルニア科学アカデミーの準会員になっている．Daveは妻のDianaと共にSea Challengers Natural History Books Etc.を運営して，Washington州のGig Harborで海洋生物とその自然史に関する書籍の出版や販売をおこなっていた（現在は運営していない）．

撮影者紹介

Constantinos Petrinos

コンスタンティノス・ペトリノスはギリシャ生まれで，幼少期をアフリカのカメルーンで過ごした．成長につれて，海洋生物学者になることを切望するようになったが，より現実的に考えて経営学を学んだ．アメリカのダートマス大学で経営学の修士号を取得している．本書出版の数年前に，ビジネス・スーツと堅苦しいネクタイから自らを解き放って，世界の海に潜ることを決意した．“Realm of the Pygmy Seahorse: An Underwater Photography Adventure”の著者兼撮影者である．

Carine Schrurs

キャリーヌ・シュルールは，セーリングを始めて大西洋横断するまでは，シュノーケリングを除けば，ダイビングにはたいして興味を持たなかった．アゾレス諸島でイルカを見て，ガラパゴスでアシカと一緒にスノーケリングしてからは，自分のフリー・ダイビング能力を超えて彼らの後を追いかけられれば素晴らしいだろうと決心した．ヨーロッパに戻った後はPADIのインストラクターとなって，定期的にダイビングしている．ほとんどの水中写真は，スペイン，インドネシア，フィリピン，タイ，モルディブ，カリブ海で撮影されたものである．ペトリノスとシュルールの写真はNature Picture Library（www.naturepl.com）に収められている．

訳者紹介

中嶋康裕（なかしま　やすひろ）

1953 年，大阪市生まれ．京都大学大学院理学研究科博士課程修了，理学博士．宮城大学看護学部教授などを経て，現在，日本大学経済学部教授．2015-2018 年度　日本動物行動学会会長．
ウミウシの行動を研究したいと考えて日高敏隆先生の研究室に進学し，どうやって同種を見つけているのかを調べ始めたが，動きの緩慢さに耐えきれず半年で断念して，すばやく動くテッポウエビの性転換の研究で学位を取得．その後，琉球大学瀬底実験所でサンゴ礁魚類が雌から雄にも，その逆にも性を変える双方向性転換を研究した．動体視力が衰えて魚の動きについていけなくなったことからウミウシに戻り，誰にもまねできない，どこにもないウミウシの研究をめざす．『貝のストーリー』（編著　東海大学出版部，2016），『うれし、たのし、ウミウシ。』（岩波書店，2015），『動物生理学―環境への適応』（共監訳　東京大学出版会，2007），『ブラインド・ウォッチメイカー』（共訳　早川書房，1993）など著訳書多数．
好きなウミウシはキカモヨウウミウシとアカテンイロウミウシ．

小蕎圭太（こそば　けいた）

1992 年，横浜市生まれ．日本大学生物資源科学部海洋生物資源科学科卒業後，東京海洋大学大学院海洋科学技術研究科博士前期課程修了．
高校生でウミウシの世界に足を踏み入れ，潮間帯でのウミウシ採集・飼育観察を始める．大学・大学院では中嶋康裕先生の指導の下，相模湾のフィールドを中心にキヌハダウミウシ類の食性，共食いについて研究．2016 年度笹川科学研究奨励賞受賞．2019 年現在，いであ株式会社国土環境研究所生態解析部技師．水域環境調査業務等に従事するかたわら，ウミウシの研究を個人的に継続．日本動物行動学会，NPO 法人全日本ウミウシ連絡協議会所属．
好きなウミウシはチギレユキイロウミウシとリュウモンイロウミウシ．

関澤彩眞（せきざわ　あやみ）

1985 年，世田谷区生まれ．日本大学生物資源科学部卒後，大阪市立大学大学院理学研究科前後期博士課程修了，博士（理学）．琉球大学熱帯生物圏研究センターポスドク研究員などを経て，現在，東北大学大学院農学研究科特任助教．
幼少期より海の無脊椎動物に興味を引かれ，海洋生物の研究に憧れて入学した日本大学で中嶋康裕先生に出会いチリメンウミウシの繁殖行動の研究を始める．その後大阪市立大学に進学し，このウミウシが交尾中に逆棘の生えたペニスでライバルの精子を掻き出してペニスごと捨て，翌日には新しいペニスを補充していることを明らかにして学位を取得．現在は軟体動物全般の，性転換や雌雄同体種の繁殖行動に興味をもち，その生殖機構の研究にも携わる．2014 年日本動物行動学会賞受賞．日本動物行動学会所属．著書『貝のストーリー』（東海大学出版部，2016）．
好きなウミウシは，キイボキヌハダウミウシとウチナミシラヒメウミウシ．

世界軟体動物会議，2016 ペナンにて

装丁　中野達彦

ウミウシという生き方—行動と生態

2019年 3 月20日　第 1 版第 1 刷発行

訳　者　中嶋康裕・小蕎圭太・関澤彩眞

発行者　浅野清彦

発行所　東海大学出版部

〒259-1292神奈川県平塚市北金目4-1-1

TEL 0463-58-7811　FAX 0463-58-7833

URL http://www.press.tokai.ac.jp/

印刷所　港北出版印刷株式会社

製本所　誠製本株式会社

ISBN978-4-486-02158-2